野菜鹿鹿的慢活餐桌

野菜鹿鹿 著

30道好滋味╳好朋友的療癒故事

跟野菜鹿鹿一起吃飯吧！

行政院環境部部長 彭啟明 博士

吃蔬食是愛護地球、解決糧食危機並積極開始的淨零之路，野菜鹿鹿發揮創意的精神，帶動社會一股蔬食風潮。連我也想照這食譜來換換口味了，這是淨零綠生活推廣的最佳典範。

慧屏法師

感謝「無肉市集」的因緣，得以認識野菜鹿鹿這對相處舒服的家人。其生命中每次的突破與超越，總使我內心喝采並祝福著。

佛法說：「見諸相非相，即見如來。」願與鹿比、小野有甚深因緣的您，不僅驚嘆於精采的頻道、溫暖的書籍，更能於細嚼慢嚥後，嚐出背後的勇敢、用心、柔軟、堅毅、善良、智慧及慈悲。

創作歌手 吳汶芳

每次聚會鹿比小野就在廚房忙進忙出，想幫忙也實在比不上這位廚藝精湛的奇女子。出餐時，他們最愛看的就是我們驚呼連連的反應。能成為他們的朋友真的三生有幸，他們總能不斷研發創新，玩出更多蔬食新滋味，而料理的背後無關宗教信仰，是他們對地球純粹的愛，也因著他們的推廣讓更多人品嘗幸福。

培仁蔬食媽媽

見到小野和鹿比前，就經常看鹿比做菜的影片，覺得好活潑的女孩，做的菜色看起來也都很天然好吃。上次合作見面後，鹿比真的是溫暖又開朗，也很有想法，感受到他們對蔬食的用心與認真，非常期待野菜鹿鹿的新書，很開心台灣的蔬食界有這麼多優秀的人一起努力！

無肉市集創辦人 張芷睿

從野菜鹿鹿在料理界多年來的努力看見一個信念：「我們不用很厲害才開始，只要開始了就會很厲害！」在集結料理與故事連結中，重新觀看世界，他人與自我，感受與家人的疏離、誤解到成長，與他人的共好與學習，也從理性中不斷審視自己的內心，一度看到眼淚直流的我，從他們的掙扎中看見愛，從悲傷中看到自我的價值，還有從這個過程中，一起成為更好的人，成為社會影響力！

慧專法師

在生活中的廚房中，每一道料理都是一段情感的表達，每一種食材都蘊含著自己當下的故事。野菜鹿鹿的料理，以純粹的熱情和簡單的手法，將食材的美味和獨特之處展現得淋漓盡致。

從食材到料理的轉化，不僅僅是廚藝技巧的展示，更是一場尋找內心創作靈感的冒險。在這本書中，我們不僅學會了如何烹飪美味佳餚，更是學會了如何用心感受食材的溫度，如何用愛和熱情，將食物內化為生活的藝術品。

影片創作者 Rice and Shine

野菜鹿鹿的料理總是那麼美味，我想是因為他們分享的不只是食譜，而是那份對於烹飪的熱情。我的四個孩子能有幸記得媽媽做的幾道拿手菜，得謝謝鹿比無私的手藝啊！

♡ 用愛料理、用愛生活

親愛的讀者，

在這本書中，我們將與你分享的不僅僅是一道道美味的食譜，更是一段段生命的故事。這些故事不僅來自我們的廚房，更來自於我們生活中的點點滴滴，是我們與家人、朋友和我們所愛的人們共同創造的珍貴回憶。

每一道食譜背後都有一個獨特的故事，一個關於愛、喜悅、挑戰和成長的故事。或許是一個家庭聚餐時的歡笑，一個孤獨時刻的自我反思，抑或是一個突如其來的驚喜。無論是哪一種，這些故事都為我們的生活增添了色彩，讓我們更加了解自己，也更加珍惜周遭的一切。

透過這本書，我希望能將這些美好的回憶與你分享，並帶你走進我的廚房，一起感受烹飪的樂趣。每一道食譜都是我用心烹製的，每一個故事都是我用心述說的，我希望它們能夠觸動你的心靈，喚起你對生活的熱愛和對美食的熱情。

在這裡，我要特別感謝我的家人和朋友，還有最重要的另一半——小野，是你們的支持和陪伴讓我走過人生的每一個階段，也是你們的存在讓這本書變得更加豐富和有趣。還有感謝知田出版，你們的愛和鼓勵，讓我們有勇氣將這些故事和食譜分享給更多的人。

最後，我想說，生活就像一道菜，需要用心去品味，需要耐心去烹飪。願這本書帶給你無盡的溫暖，願我們一起用愛去料理，用故事去記錄，共同創造更多美好的回憶。

祝福你，享受閱讀，享受生活。

野菜鹿鹿，鹿比

感受愛與蔬食同在的每一秒

正在看這本書的你，

在這個匆忙的世界裡，我們時常忘記回頭看看自己的生活旅程，以及那些點滴中蘊含的美好。

這本書是我們的一個回顧，也是一個分享。透過這些食譜，我們想帶你們走進我們的世界，感受我們對食物和生活的熱愛，以及這段旅程中的轉變和成長。從認識到相愛，再到一同踏上了這場改變飲食習慣的旅程，我們的愛情不僅僅停留在彼此的眼神間，更融入了每一道蔬食的烹飪中。我們相信，透過飲食的改變，我們可以為地球盡一份心力，就像我們在這本書中分享的一樣。

成為 YouTuber 並不是一開始所計畫的，但這個平台給了我們一個分享熱愛的食物和生活方式的機會。每一次拍攝，都是我們用心的結晶，希望能夠將我們的熱情傳遞給每一位觀眾，讓更多人了解蔬食的美味與價值。

最後，這本書也見證了我們的一個重要時刻──求婚。在這段旅程中，我們一起經歷了甜蜜、困難、成長，以及無數美好的時刻。希望透過這本書，與你們一同分享這些珍貴的回憶，並且帶給你們一份美味和溫馨。

謝謝你們的陪伴，願這本書能夠成為你們生活中的一道光亮，啟發你們對生活的熱情，也讓我們的故事能夠延續在你們的世界裡。

愛與蔬食同在。

野菜鹿鹿，小野

目錄

002　推薦序

作者序
004　鹿比：用愛料理、用愛生活
006　小野：感受愛與蔬食同在的每一秒

Chapter 1　起點，你和我

014　客家妹與客家哥，橫跨七年不滅的緣分── recipe 客家小炒
022　生命中那個對的人，讓愛情茁壯成一棵大樹── recipe 鮮肉餛飩湯

Chapter 2　啟蒙，前輩與推手

032　讓我走進料理世界的靈魂人物──戈登拉姆齊（Gordon Ramsay） recipe 奶油巧達濃湯
038　讓我們重新認識蔬食文化的那把鑰匙──可魯、小咪 recipe 茄燒四季豆
044　我們的品牌寶寶「野鹿食語」誕生的幕後推手──菖哥、勇哥 recipe 瓜仔肉燥
050　讓我們真正轉變食性的企業家們──Eric、Carrie recipe 漢堡排、香料烤時蔬
062　YouTuber 大前輩教會我們的事──小樹 recipe 菜脯蛋
068　留存中菜精神的 70 歲料理人──連叔叔 recipe 青椒鑲肉、橙汁排骨

Chapter 3　全植家人，各種風景

078　讓我們人氣暴漲的無肉市集——Chelsea `recipe` 納豆拌酪梨豆腐

090　我找到了隱藏在冰山下的內在小孩——感謝另一個小孩：Evelyn `recipe` 紅蘿蔔炒蛋

098　原來生命的誕生是可以如此溫柔——再次震撼我的 Chelsea `recipe` 無麩質排毒飯

108　物以類聚的強大能量——無肉家人們 `recipe` 韓式拌飯

114　低潮時遇見的心靈富足——慧屏法師 `recipe` 糖醋豆包

120　當佛法遇見料理——慧專法師 `recipe` 櫻花蝦絲瓜

126　沒有傘的孩子，才會用力奔跑——靖傑 `recipe` 生菜蝦鬆

132　料理的發明家——Rax ＆ 溫尼 `recipe` 湯咖哩

138　用葷食的角度創造素食奇蹟——賓哥 `recipe` 乾煸魷魚絲

146　三星主廚的日式職人精神——Hugo `recipe` 青醬燉飯

156　穿越時空的溫暖力量——小呂＆溫蒂 `recipe` 白菜滷

164　如同孩子們的暖心陪伴——阿呸、阿沙 `recipe` 蒸蛋

Chapter 4 回家，一起前行

176　工作與生活讓我們快窒息，原來愛與蔬食是解方── recipe 辣子雞

192　沒有你們，就沒有今天的野菜鹿鹿

　　　──粉絲們 recipe 印度香料茄子、韓式白菜煎餅、營養時蔬炊飯

202　鹿比對爸媽說的話── recipe 番茄紅燒牛肉湯

208　小野對爸媽說的話── recipe 豆乳雞

216　寫給小野的一封信── recipe 油漬番茄腰果義大利麵

220　寫給鹿比的一封信── recipe 宮保高麗菜

後記：野菜鹿鹿的冰箱

涼拌菜

227　韓式涼拌菠菜

228　涼拌麻醬龍鬚菜

229　糯米椒炒豆乾

230　黃金泡菜

231　油潑涼拌蓮藕

232　涼拌雞絲青木瓜

萬用醬

233　XO 干貝醬

234　芝麻涼麵醬

234　拌麵醬

235　萬用沾醬

235　韓式辣椒醬

235　和風沙拉醬

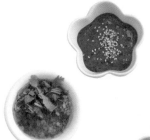

Chapter 1

起點，你和我

一道菜，讓彼此距離更接近，

隨著時光前進，

現在，每一天，每一餐，都一起。

客家妹與客家哥，
橫跨七年不滅的緣分

———— ∞ ————

記得小時候，那個令人難忘的夏令營，是我們第一次相遇的時刻。

我們都是擁有一半客家血統的客家人，會相遇似乎是冥冥中，要讓各自一半走到一起成為一個完整的圓。當時我只有13歲，而小野已經22歲，對於即將進入青春期的我來說，這位大哥哥在我心中留下深刻的印象。

那時我就讀崇光女中，而小野是文化大學康輔社的一員，他們帶領著我們參加了一個夏令營，是一個至今仍然讓我充滿熱血、感動、夢想的營隊。小野在那次活動中並非隊輔或關主，只是一位幫忙攝影的大哥哥，總是帥氣地閉著一隻眼睛拍下我們開心的瞬間，那時的他真的深受很多小女生的喜愛，因為長得帥帥的，又不太講話，拿著相機表現出專業又認真的一面，不只是別人，當時的我，也不禁有種仰慕的心情。

一道菜拉近了兩個相似的靈魂

還記得，當時我們正在進行野炊活動，我自告奮勇地站出來說：「全

第一次拿
小野的相機拍他

參加夏令營時
我們的第一張合照

部交給我吧！」因為那時已經被爸媽訓練得可以端出三菜一湯了，我端出最自信的拿手好菜——客家小炒！我們的小隊在品嘗後都給予最佳好評，於是我們隊輔邀請大家一起來品嘗，而小野也是在那時，第一次見識到我的手藝。他吃了一口，讚不絕口地說：「哇～好好吃！很厲害欸！」

那一刻，心中真的莫名地雀躍，於是，在休息時間，我鼓起了勇氣，主動找到小野並跟他說：「我爸爸也很會拍照喔～所以我也會拍。」

我用了一點驕傲的語氣來掩飾我的緊張，沒想到小野回我：「真的嗎？那相機給妳，妳幫我拍!」他居然毫不猶豫地把相機交到了我的手上，拿著他的相機，心臟都快跳出來了，興奮又害羞的情緒湧上心頭，我手微顫地拍下他走向我的瞬間。夏令營結束的那天，我們也合照了一張自拍照，當時原以為我們的緣分就到此為止，沒想到⋯⋯

時光飛逝，七年後，我們再次聯繫上了⋯⋯

七年後的一則訊息，緣分開啟

在冬天的夜晚，凌晨三點鐘，我蜷縮在被子裡看著韓劇，突然手機震動了一下。「登～登～登～」一則 Instagram 的訊息跳了出來，林

小野在我的貼文下留言說：「真好聽～～～」我當下完全嚇傻了，在床上躺了一會兒，腦袋裡各種問題瞬間浮現。

「是那個營隊的小野嗎？」

「他居然記得我？」

「為什麼會看我的貼文？甚至還留言？」

我心裡好多的好奇與問號，焦慮的我實在是無法等待，立刻點進去回覆了小野：「你還記得我？」不到一分鐘，小野又回覆了我：「當然啊～崇光的女孩兒。」我興奮到在床上拳打腳踢，然後!就在下一秒，小野私訊：「這麼晚了還沒有睡呀～」

從這一句起，我們開始了基本的認識，聊著性格、興趣、電影、美食，才發現我們竟然如此相像!愛戶外活

七年後見面的第二天
一起出遊的合照

動、喜歡有意義的電影、都愛吃辣，甚至連火鍋裡的豆皮和王子麵喜歡的口感都一模一樣。

我們越聊越起勁，話題也逐漸從日常聊天轉向價值觀的探討。「你會覺得我們差很多歲有代溝嗎？」、「你喜歡小孩子嗎？」、「你覺得小孩的教育應該要怎麼樣？」、「你買東西會衝動消費嗎？」每個問題都在渴望了解對方的價值觀，更令人驚訝的是，每個問題的答案都是如此的一致。

這樣的交流持續了八天，直到第八天的晚上，我們仍在電話裡聊得不亦樂乎，突然，小野開口說：「我有一件事情想問妳，妳願意當我女朋友嗎？」我手機貼在耳朵上，整個身體凍結了，腦袋裡快速浮現了無數的問題……「咦？我們才聊了八天啊！這樣太快了吧？」過了這麼久，我們連面都沒再見過，甚至沒相處過，可是又想到我們之間的默契如此難得跟奇妙，經過長時間思考，我終於輕聲地吐出兩個字：「嗯……好啊！」

忍不住罵了自己一番：「真的是一點矜持都沒有！！！」但現在我一點也不後悔，也許人生有時候需要的就是這樣的衝動，才能找到彼此，找到那個與自己心心相印的人，這就是命中注定吧！

定情料理

客家小炒

材料 ────•

豆乾 4 片
芹菜 30g
蘿蔔乾 約 10g
杏鮑菇 2 朵
大辣椒 1 條
豆包 2 個
老薑 20g

調味料
醬油 1 大匙
素蠔油 2 大匙
五香粉 1/2 小匙
烏醋 1 大匙
白胡椒粉 1 小匙
糖 1 大匙
水 100g

作法 ────────•

1. 先將豆乾切成片、豆包切條、杏鮑菇切成約 8mm 的條狀。
2. 老薑切絲、大辣椒切斜片、芹菜切成長段。
3. 準備一個炒鍋倒入一點植物油，冷油放入把豆乾跟豆包煸到焦脆。
4. 放入蘿蔔乾、杏鮑菇、老薑煸到金黃。
5. 倒入醬油、素蠔油、五香粉、烏醋、白胡椒粉、糖，大火快炒。
6. 倒入水大約 100g，稍微熬煮 2 分鐘。
7. 最後加入大辣椒跟芹菜，大火快炒至收乾就可以起鍋享用啦！

鹿比的小 tips

請記得豆包跟豆乾要煸到酥脆。杏鮑菇在煸的時候會縮水，所以要切稍微粗一點。「煸」是一種常見的料理手法，用少許油，把食材水分逼出來，因為素食用這種方式可以讓整道料理更有風味跟層次，而我通常會用慢煸的方式，以小火讓食材逼出水分達到金黃或焦黃色，也讓香氣釋放到油之中，食材好吃的同時也得到香氣十足的油脂。

生命中那個對的人，
讓愛情茁壯成一棵大樹

經過如此艱難的旅程，我深知，沒有小野的支持和陪伴，我可能無法走到今天。他的存在是多麼地重要，已經不僅僅是伴侶，更是救命恩人。他的愛和支持，撫平了我的傷痛，更填補了我內心的空虛。每一次的爭執都讓我們更加堅定地走在一起，彼此理解和包容，共同努力克服了種種困難，讓我們的愛情更加堅固。

現在回想起我們一起走過的路，真的充滿了感慨和感恩，雖然充滿挑戰，但也讓我們更加成熟，讓我們的愛情猶如一棵茁壯的樹，經歷了風雨的洗禮，根基更加深厚。

我們比以往更加地相愛，彼此間的爭吵已經成為過去，即使偶爾有爭執，我們也學會了以冷靜的態度坐下來，開誠布公地交流並解決問題。我學會了更好地表達自己的想法，而小野也學會了控制自己的脾氣，我們彷彿是這輩子彼此學習的最佳對象。

「如果今天是我們生命的最後一天，我不想跟妳在爭吵中結束。」每當我們陷入爭執時，小野總是用這句

話提醒自己，要以溫柔和諧的方式與我相處，因為他深知生命是多麼地短暫和脆弱，這段情感之路雖然曲折，但我們透過相互包容、理解和尊重，讓愛情更加堅韌，我們的關係變得越來越美好，這是我們共同努力的成果，也是我們對彼此愛的回報，於是我們攜手走向更美好的未來，彼此成長，讓幸福在這旅程中綻放。

我被求婚了，是真的還是假的

就在 2024 年 2 月 27 號，小野向我求婚了，雖然我們早已心知肚明，彼此將是對方的終身伴侶，但這一刻

的到來卻出乎意料。

　　求婚當天，所有無肉家人朋友們都聚集在現場，我除了當天生理期的疼痛之外，完全沒有料想到，我就是這場計畫的女主角。他們精心策畫，將我巧妙地帶入一場浪漫的騙局中，讓我完全蒙在鼓裡。我被告知要幫忙另一對無肉朋友求婚，甚至還參與了專為這計畫設置的「假群組」。

　　小野為了讓我穿得美美的被求婚，還要求當天大家都要穿上禮服，我全神貫注地布置著現場，完全沉浸在幫助朋友的快樂中，卻不知道自己正是這場驚喜的中心，這一切背後，小野早就在三個月前，精心策畫安排，加上所有人的默契配合，讓我完全沒有察覺到即將發生的一切。

　　而等待我的不僅僅是幫助他人的喜悅，更是一場屬於我們自己的浪漫時刻，一場讓我終生難忘的求婚，這份幸福和感動將永遠刻在我心中，成為我們愛情故事中美麗的一頁。

那一跪，是終身承諾也是幸福

　　「今天的主角就是妳！」無肉市集的創辦人 Chelsea 激動又歡呼著對我大聲說道，她的聲音充滿了感動與期待，我站在那裡，被眾人的目光包圍，心中猶如海嘯般翻騰著各種情緒，回憶在腦海中迅速閃現，每一幕都是我與小野一同走過的時光，那些甜蜜的笑容，那些共同面對的挑戰，都在此刻凝聚成一幕美好的畫面。

　　在場的朋友們開心鼓掌，我感到身心彷彿被一股暖流包裹，像置身於夢境之中，當我看著小野為我準備的

回顧影片，他溫柔的聲音迴盪在耳邊，每一個畫面都是我們生活中珍貴的片段，每一句話都是他對我的真摯情感與表白。

我轉過頭，看見小野單膝下跪，手裡捧著戒指盒，眼中滿溢著濃濃的愛意，我的心早已如同一顆綿密的餛飩在嘴裡緩緩融化，淚水不禁湧出，心中的喜悅已經溢滿了整個世界。在那個瞬間，我感受到一股熱情，就像那碗熱騰騰的餛飩湯，在寒冷中溫暖了我的身心。小野的求婚就像是一勺溫暖的湯匙，溫柔地包裹著我，讓我感受到愛的甜蜜。

「妳願意嫁給我嗎？」小野的聲音充滿緊張和真摯，我的心隨著他的話語而顫動，感動到幾乎無法言語。

「我願意。」我流著幸福的淚水，輕聲地回答，深知這是我人生中最美好的時刻。那一刻，我們的心靈在愛的誓言中緊緊相連，在愛的光芒中閃耀著。這不僅是一場浪漫求婚，更是我們對未來的共同承諾。

寒冬裡的熱湯，給那個對的人

這突如其來的求婚，不僅為我們的愛情添上一筆最動人的色彩，更是我們人生中最深刻的一次感動，在眾人的見證下，我們的愛情故事寫下了美麗的一頁。我們知道，未來的道路充滿未知，但我們將攜手同行，迎接每個挑戰，我也決心與小野一起，共同創造屬於我們的美好未來。因為我們就是彼此生命中那個對的人……

這段故事彷彿是宇宙的魔法，將我們引領到了彼此身旁，從最初那場

夏令營的營火中，我們相遇了，彼此在點燃的火光中，感受到一種前所未有的連結。七年的等待，就像是時光的呼喚，六年的相愛，彷彿是愛情的淬鍊，終於，我們在這漫漫時光的盡頭，找到了那個彼此心心相印的結局，一個最美麗的結局。

而每當冬天來臨，餛飩湯作為我們的常備料理，已經是我們生活中的一部分，是我們生活滋味的代表之一，那份熱情和溫暖也如同我們之間的愛一樣持久。在寒冷的季節裡，我們相依相伴，分享著餛飩湯的溫暖，彼此的愛意也在心中悄悄滋長。

以愛為餡的生活滋味

鮮肉餛飩湯

材料

餛飩皮 約 40 片
油豆腐 8 個
木耳 1 朵
芹菜 1 小把
鮮香菇 3 朵
櫛瓜 半條
茄子 1 條
老薑 10g
紫菜 適量
腐皮 1 片
小白菜 1 把

餛飩調味料：
鹽巴 1 小匙
醬油 2 大匙
五香粉 少許
白胡椒粉 1 小匙
水 200ml
味噌 1 大匙
低筋麵粉 2 大匙

湯調味料：
水 600ml
鹽巴 適量
胡椒粉 適量
香油 1 大匙

作法

1. 木耳、芹菜、鮮香菇、櫛瓜、茄子都切成小丁，老薑切末，油豆腐剝成小塊。

2. 炒鍋倒入一點植物油，將油豆腐煸至金黃色。

3. 煸好之後將油豆腐撥到鍋子的周圍，中間放入步驟 1 的材料。

4. 接著加入餛飩調味料，放入鹽巴、醬油、五香粉、白胡椒粉，大火快炒均勻，再倒水，放味噌，熬煮至味噌融化，收汁即可放入大碗中。

5. 放入低筋麵粉拌勻至黏稠狀備用，餡料完成。

6. 取一片餛飩皮，將適當的餡料放在中間，皮的周邊抹水，對折成三角形狀再將兩側用打折的方式向中間壓緊。

7. 餛飩都包好後，先放入冰箱冷凍定型。

8. 煮餛飩湯，準備一鍋滾水，放入紫菜、小白菜、鹽巴、白胡椒粉，接著放餛飩，煮至浮起。

9. 最後倒入香油，撒上芹菜末，就可享用囉！

鹿比的小 tips

包餛飩時收口一定要沾水黏緊，否則煮的時候很容易散開，餡料也不能太溼，要微微溼潤又有黏稠感，這樣的質地才能好包又不容易破。

Chapter 2

啟蒙，前輩與推手

一句話，打開了新的事業，

隨著成長的軌跡，

踏進全新的飲食領域，寫新的故事。

讓我走進料理世界的靈魂人物
～戈登拉姆齊（Gordon Ramsay）～

若你問我，小時候最愛看的卡通是什麼？我會說：「還真的沒有！」我的興趣和同年齡朋友不同，當他們津津有味地追逐各種卡通角色時，我卻對廚藝和美食世界充滿好奇，所以常常跟他們缺少共同的話題。

美食節目就是我的童年

我的精神寄託反而放在了《型男大主廚》、《美食大三通》、《冒險王》、《食尚玩家》、《地獄廚房》和《廚神當道》等等的美食料理節目

上。這些節目不僅帶給我樂趣，激發我對廚藝的熱情，更塑造了我對生活的態度和價值觀。在《型男大主廚》中，奠定了對料理的基本認知，透過每天觀看學習，建立良好的廚藝基礎。而《美食大三通》像一場美食之旅，帶我遨遊世界各地的美食文化，開啟我對世界的好奇心。

不僅如此，《冒險王》讓我了解旅行中不可預測的驚喜，帶我進入了一個個挑戰和冒險的故事。《食尚玩家》教會我如何將美食與旅行相結

合，了解到美食是一個國家很重要的文化。而《地獄廚房》和《廚神當道》則讓我見證對料理的熱情，在壓力和競爭中，廚師們依舊堅持追求更好，這種不屈不撓的精神至今都還是令我敬佩，也形塑我追求完美的個性。

對我來說，這些節目不僅是娛樂，更是一堂堂關於美食和文化的課程，充實我的知識，也拓展我的視野。或許我在童年時期沒有像其他孩子一樣沉迷於卡通世界，但它們造就了我的一技之長，豐富了我的生活，是難能可貴的寶藏。

熱情與堅持，影響了小小的我

而對我影響最深遠，帶來最大的啟發和改變，更是我料理人生中的啟蒙老師，非戈登拉姆齊（Gordon Ramsay）莫屬。這位廚藝界的傳奇人物，不僅是一位優秀的廚師，更是生活的典範，他的故事和成就激勵了無數人，包括我。

我第一次接觸到戈登拉姆齊的料理節目時，就被他那熱情奔放的風格和對料理的熱愛所吸引。他不僅有精湛的廚藝，更展現了對食材和烹飪過程的極致追求。每一道菜他都用心製作，不斷挑戰自我、追求完美。他的堅持和對料理的熱情真的感動了我，讓我開始對料理產生興趣。

有一陣子放學回家都會迫不及待衝進廚房，開始翻箱倒櫃，照著戈登拉姆齊的食譜開始料理，記得有一支影片是蘑菇濃湯，那是我第一次知道原來濃湯是麵粉跟牛奶煮出來的，決定嘗試看看，那時候的我還不太會控

制火候，一度差點把鍋子燒壞了，趁著爸媽還沒回來之前，趕緊用鐵刷刷乾淨，大概嘗試了三次，終於煮出還不算太差的蘑菇濃湯。從那次以後我開始烹煮各種「很創意」的口味，甚至連冰箱切好的芭樂都想加進去濃湯裡面，或許是因為沒有人在一旁指導，讓我得以盡情發揮無限的想像空間。

善意的陪伴，深深打動我

小時候我經常掛在嘴邊的一句話就是「堅持到底，永不放棄」。這句話來自戈登拉姆齊在《小小廚神》中對一個年僅 6 歲的小朋友說的。當時這個小朋友正在參賽，但因為緊張而屢次失誤，導致蛋糕始終沒有成功。戈登拉姆齊用非常堅定的眼神鼓勵著

他，要他堅持到底、不要放棄！最後小朋友，成功烤出一個完美的蛋糕。這種鼓勵的方式讓孩子們感受到了自信和勇氣，讓他們敢於嘗試，勇於接受挑戰。

相比之下，在《地獄廚房》中，他的暴走形象給人留下了深刻的印象，這和他對待小孩的溫和態度形成鮮明的對比。或許是受到歐美教育的影響，他對待小孩總是給予他們無止境的包容與鼓勵，而對待成人，則更加嚴厲。他清楚知道，小孩和成人需要的教導方式是不同的，這也讓我對戈登拉姆齊產生更深的敬佩。

至今仍是我的靈感來源

至今他的節目一樣是我拿來增添靈感的教材，從刀工到火候掌握，從

食材選擇到菜色搭配，他的每一句話都像是一堂珍貴的料理課程。而我透過將肉食料理轉變成素食料理，探索更多食材的可能性，還能挑戰自己的料理技巧，創造出層次豐富的口味。

例如，節目上展示的是一道肉食料理，我就會開始思考如何用豆腐、蔬菜或植物肉等替代食材，或許一樣可以運用肉食的烹調方式，或用另一道料理的烹調方式來呈現出豐富的口感和風味。用不同的香料結合，是否可以迸出更有層次感的醬料？

這種思考方式不僅可以提升料理技能，還可以激發創意。透過不斷嘗試和實驗，創造出更多不傷害動物又很好吃的料理。每一次嘗試都是對自我的挑戰，也是一場對料理的探索。這種精神是我向戈登拉姆齊學習的，

「不要害怕嘗試，只有嘗試過才能知道是失敗還是成功。」我們要學習的是失敗，因為正是從失敗中我們才能汲取經驗和教訓，不斷成長進步，才有機會迎來成功，這一切的嚴格與挑剔，背後其實是對人的信任和鼓勵，他希望每個人都能發揮自己無窮的潛力，並勇於追求自己的夢想，不斷提升自己的烹飪熱情，從中獲得自我價值。

謝謝你戈登拉姆齊，你的熱忱讓我跟隨著你走進了料理的世界。我不只學會製作美味的料理，還體會到料理所帶來的樂趣和魅力，你對食材的呵護以及對人的處事態度，深刻地影響了我。我會繼續努力，並將這份熱愛與更多人分享，拓寬飲食態度，讓更多人也受益。

向料理大師致敬

奶油巧達濃湯

材料 ————·

白花椰菜 半朵
馬鈴薯 1 顆
紅蘿蔔（小的）1 條
杏鮑菇 4 朵
蘑菇 8~10 顆
西洋芹 2 根
燕麥奶 500ml
水 500ml
低筋麵粉 2 大匙
全素起司 適量

調味料
鹽巴 2 小匙
義式香料 1 小匙
黑胡椒粉 少許

作法 ————

1. 先將白花椰菜、馬鈴薯、紅蘿蔔、杏鮑菇、蘑菇、西洋芹都切成小丁狀。
2. 準備一個炒鍋倒入一點植物油或是全素奶油，加入杏鮑菇、洋菇爆香。
3. 再放入白花椰菜、馬鈴薯、紅蘿蔔、紅蘿蔔、芹菜炒軟。
4. 倒入麵粉炒至無白色麵粉，慢慢倒入燕麥奶、水，攪拌至無麵粉顆粒。
5. 鍋中撈起一半，用調理機（果汁機）打至綿密。
6. 打好後再倒回鍋中並加入全素起司。
7. 小火熬煮至濃稠，再撒上鹽巴、黑胡椒粉、義式香料，配上烤好的麵包就可以享用囉！

鹿比的小 tips

熬煮過程一定要不停攪拌，以防黏鍋，記得要小火，濃湯滾的時候會噴！而且溫度非常高！要小心喔！

讓我們重新認識蔬食文化的那把鑰匙
～可魯、小咪～

《素食真的很好吃》這個平台大家應該耳熟能詳，擁有超過 21 萬忠實粉絲，集結許多素食的資訊與知識，背後的主理人是一對兼具熱情和親和力的夫妻檔：可魯哥和小咪，他們同時還經營著一家橄欖油公司，與他們的相遇，不僅是緣分，更是一段關於美食和露營的故事。

一封信帶來的翻轉與改變

當時我跟小野還在前公司工作的時候，收到可魯哥的來信，信中提到希望有機會與我們認識與交流，並且分享他們的橄欖油給我們，我們原本以為這只是一個商品合作的機會，但在我們的交談中，話題的共鳴越來越多，甚至一拍即合地約好時間一起去露營。就這樣，一場意想不到的相遇，成就這段美好的緣分。

當時因為在推廣素食的發展方向開始轉變，我們不得不做出一個重要的決定——創立自己的頻道：野菜鹿鹿。這是一個全新的開始，很感謝當時還有許多粉絲繼續支持我們，但

重新開始確實是一段艱辛的旅程。

經營頻道的祕辛與低潮

　　從頻道的定位、經營模式、曝光方式、影片內容等等，全都要重新來過，更何況以前是一個團隊，現在只有我跟小野兩個人全職投入，耗費的金錢跟精力真的不容小覷，我們經常在無數個日子裡，細數我們的存款，不斷懷疑這個決定所帶來的改變，頻繁地起衝突，興起放棄的念頭。

　　但幸運的是，當時有可魯哥的支持。他不僅在社群媒體上分享我們的內容，向身邊人推薦我們，也分享他的創業經驗，給予我們許多靈感啟發和無限的鼓勵。這些努力讓我們的影片能見度飆升，也為我們帶來許多寶貴資源，讓我們堅定前行的步伐，對未來充滿信心。

　　漸漸地和他們成為露營生活好夥伴，甚至還跟他們一起拍片，一起分享生活中的喜悅和挑戰，探索自然的美好，經歷創業的艱辛和樂趣，我們常把生活習以為常的事情，當成人生課程在學習，相處過程中不聊大道理，盡情感受日常的點滴、一件事，將這些小小的美好輪廓漸漸描繪出來，而就在每一次露營的旅程中，我們不僅享受大自然的恩賜，更深化我們之間的情誼。

　　雖然我們如今身在不同的城市，但對我們的支持卻從未間斷。可魯哥總是不厭其煩地在他的粉絲專頁幫助我們宣傳頻道，當時幫忙的初心並沒有改變，並時不時分享他們超棒的橄欖油給我們。

料理的美味關鍵：好油

　　身為葷食者轉成素食者的過程中，食材的替代確實是一個挑戰，但同時也是一個有趣的探索之旅。對於像我們一樣熱愛美食的人來說，食材的轉換和替代並不意味著失去味道和口感，而是一種對飲食的重新發現和創造。

　　跟你們分享一些小祕密，使用好的初榨橄欖油來烹調不同的食材確實可以帶來意想不到的驚喜。例如，煎杏鮑菇搭配橄欖油，能夠呈現出奶油干貝的風味，奶香非常濃郁；而橄欖油與茄子的結合則能夠賦予茄子猶如肥肉的香氣，彷彿在品嘗肥美的肉質；將各種不同的菇蕈用橄欖油低溫煉油，還會有神似雞油的風味，這些經驗不僅讓我們更加驚訝於食材的多樣性和可塑性，也提醒我們優質油脂在素食料理中的重要性。

　　現在回想起來，如果不是他們當初的慷慨幫助，我們可能會像無頭蒼蠅般不知所措，或是在工作上吃盡苦頭。真的很幸運，當時有可魯哥和小咪的帶領和支持，讓我們能夠在創業一開始得到這麼多的資源跟協助。

飲食與人生一同翻轉

茄燒四季豆

材料

茄子 1 條
老薑 10g
四季豆 20 條
辣椒 1 條

調味料
醬油 2 大匙
素蠔油 2 大匙
糖 1 大匙
五香粉 1 小匙
白胡椒粉 適量
太白粉 2 大匙
水 150g

作法

1. 先把茄子、四季豆切成段，老薑切成末。

2. 再來調製醬汁，準備一個碗，倒入醬油、素蠔油、糖、白胡椒粉、五香粉、太白粉、水，攪拌均勻備用。

3. 準備一個炒鍋倒入適量植物油，放入薑末爆香。

4. 放入四季豆煸到表面微黃，再加入茄子大火爆炒。

5. 倒入調好的醬汁跟辣椒，熬煮至稍微收汁，起鍋前大火快炒就可以盛盤享用啦！

我們的品牌寶寶「野鹿食語」誕生的幕後推手 ~莒哥、勇哥~

經常跟著可魯哥和小咪去露營，讓我們有幸認識了他們的好朋友——莒哥和勇哥。莒哥之前是餐飲界的大廚，擁有豐富的烹飪經驗和技巧。他對料理的熱愛和對食材的敏銳，使他當時在餐飲界占有一席之地。而勇哥則是台灣摔角協會的會長，對於摔角運動有著非凡的熱情與專業。

每次露營，莒哥都會把整個廚房搬到露營區，包括：快速爐、油炸鍋以及所有其他的廚房設備。他到現場後就會不停地煮，一道道美味的菜餚接連從他手中誕生。而我們則負責享用這些美食，當然，我們的嘴巴也完全沒有停下來過。

當時的我，其實只是一個喜歡料理的小女生，沒有受過正式的烹飪訓練。因此，許多拿刀、翻鍋的技巧等等，都是透過露營時光向莒哥拜師學藝。

從空間到器具設備的學習

每當他開始下廚時，我都能感受到他對料理的那份喜歡與熱情，可能

是因為我跟菖哥都同為金牛座，做菜
給朋友吃，也是我們一種療癒自己的
方式。他總喜歡用一種誇張的方式呼
喊著：「鹿比醬～」，讓整個學習的
過程總是充滿歡樂的氛圍。我會迅速
跑到他身邊，擔任他的二廚，學習他
的烹飪技巧，那段時間的學習，讓我
對素食的食材有更深的認識，也更加
熟悉廚房的操作流程。

　　隨著時間的推移，彼此之間的交
流也更加頻繁。我們甚至時常一起到
他跟勇哥的公司玩樂。有一次，勇哥
和我們分享一款他朋友從中國帶回來
的麻辣鍋配方，他們已經買下這個配
方，而菖哥則改良成素食的版本。他
告訴我們，他已經親自做出來了，味
道非常正宗且美味。

活用食材，感受各種變化

作為嗜辣愛好者的我和小野，這個消息簡直是太令人興奮了，而且我們對正宗的中國麻辣鍋更是情有獨鍾。當我們第一口吃下去的時候，真的被它的麻、辣、鮮、香折服，比我們以前吃過的許多葷食版本更加出色，這真的是讓我們又興奮又感動。

值得一提的是，這款麻辣鍋底醬非常萬用，不僅可以用來烹飪麻辣鍋，還可以炒菜、炒飯、炒麵，甚至做成麻辣滷肉飯，都非常好吃。當時，我們剛好接到無肉市集的邀約，希望我們去擺攤。考慮到我們完全沒有任何大鍋料理的經驗，也沒有足夠的設備，所以我們決定請菖哥幫忙。

菖哥決定那就賣麻辣滷肉飯吧！他巧妙地將素肉滾水熬煮，然後擠乾，再熬煮、再擠乾，連續三次的處理，再進行一系列的炒製，搭配麻辣火鍋底料和熬煮，最後煮出一鍋香味四溢的麻辣滷肉飯。第一口吃下去，真的感動得快要哭了，陶醉在那濃郁的香氣中，彷彿回到曾經最愛去的麻辣火鍋店，那種美好的回憶湧上心頭，令人難以忘懷。同時也更深刻地讓我們確信，真的不需要傷害動物就能品嘗到美味的食物。

懷念的，兒時記憶中的那一口

那時，我們還加入一些台灣風味，脆瓜，讓整鍋滷肉帶了點回甘的滋味，調和成台灣人偏愛的口味。整鍋滷肉也因為桃膠的濃稠黏嘴，吃起來真的很像有動物膠質的感覺，這可說是我們吃過最好吃的素食滷肉飯。

市集結束後，我們與菖哥開始討論起這款滷肉商品化的可能，讓它變成常溫調理包，方便吃素的人在家中就能享用到這樣美味的料理。然而，就在我們跟菖哥討論的過程中，才慢慢意識到：「哇～原來料理和食品是完全不同的領域！」

於是，我們決定與菖哥攜手合作，在菖哥的指導下，開始商品化的實踐。因為他不僅擁有豐富的食品經驗，還有工廠的資源。而我們則負責前端的銷售曝光和出貨等工作。這次合作不僅讓我們感受到菖哥和勇哥對於擁有資源的無私奉獻，也讓我們學會合作中彼此信任和傾聽的重要性。

因此，「川味滷肉 1.0」誕生了。令人意外的是，不到兩個小時的時間，就被搶購一空了。這樣的反應讓我們更加充滿動力，也堅信我們正在行走的這條路，讓更多人可以更容易、更快速地品嘗到好吃的素食，讓進入素食文化不再是一件很困難的事情，一樣可以既方便又美味。

共好與相知的共創，最美麗

這段合作不僅是對美食的一次探索，更是對創業道路的一次啟發。我們深深地感受到，創業並不僅僅是為了獲得商業利益，更是一種對夢想的追求和對信念的堅持，深深感謝菖哥和勇哥總是大方地支持和協助，無論是料理技巧的分享，還是生活中的幫助，甚至連我們搬家，他們也不計回報地前來幫忙，這種善良和真誠讓我們深受觸動，也更加堅定我們在這條創業道路上的信心與決心。

最堅強的後盾

瓜仔肉燥

材料

油豆腐 10 塊
凍豆腐 12 塊
乾香菇 5 朵
茄子 1 條
日本山藥 80g
蔭瓜 150g
老薑 15g

調味料
醬油 4 大匙
醬油膏 3 大匙
五香粉 2 小匙
白胡椒粉 2 小匙
糖 2 大匙
水 300ml
米酒 100ml（可換成水）
脆瓜水 80g
香菇水 80g

作法

1. 先將油豆腐、凍豆腐用手剝成小塊。蔭瓜、泡好水的乾香菇切成小丁。老薑切成末，日本山藥磨成泥。

2. 準備一個可以拌炒的燉煮湯鍋，倒入一點植物油，放入油豆腐、凍豆腐炒到金黃。

3. 接著放入乾香菇、老薑炒香，炒香後再加入蔭瓜、茄子。

4. 倒入醬油、醬油膏、白胡椒粉、五香粉、糖，攪拌均勻。

5. 加入水、米酒、脆瓜汁、香菇水煮到滾，再小火蓋鍋熬煮 15 分鐘。

6. 熬煮好後放入山藥泥拌勻再小火熬煮 5 分鐘，就可以淋在飯或麵上享用啦！

鹿比的小 tips

每個品牌的蔭瓜鹹度不同，建議試吃後自行調整醬油跟醬油膏的量，還可以多做起來放入小的保鮮盒中冷凍，要吃的時候用電鍋或是微波爐加熱就可以了。

讓我們真正轉變食性的企業家們
~ Eric、Carrie ~

————— ∞ —————

引領未來植物肉進台灣的幕後推手、短短幾年火速掀起台灣餐飲風潮的女強人 Carrie 李沛潔，以及擁有無限創意料理魂的 Eric 吳榮峰，這一切的連結開端，始於一部關於植物肉的合作影片，這部影片不僅帶領我們認識優秀的他們，更讓我們再次窺見無肉主義的另一番面貌。

因為 Eric 和 Carrie 熱情的邀請，我們踏進了他們所經營的餐廳，卻意外地發現這不僅僅是一場普通的用餐體驗，而是一場生命觸動的轉捩點。

這個邀請背後蘊藏著莫大的意義，它深刻改變了我們對生活的看法，讓我們領悟到素食的重要性。

Eric 總是擁有獨特的創意和對食材的敏感度，他的料理不僅在味道上讓人驚豔，同時存在著藝術的美感。每一道菜背後，都蘊藏著他對食材的深刻理解和對料理的熱愛。

他用心將每一道菜呈現給顧客，希望透過美食讓葷食與素食之間不再有界限，因為只要好吃，就不存在葷素的選擇題。

料理更是一種生活態度

　　當時的我們還沒有成為純素者，儘管我們已經嘗試過蔬食，也還沒真正理解純素世界的藍圖。當我們第一次走進他們經營的餐廳，從餐廳外觀、內部環境再到菜單，被一連串看似都是肉食料理的菜色所吸引，當時完全感受不出來這些是素食，我們彷彿忘卻了餐點必須有肉的存在，當下品嘗到各種從未想過的素食料理，每一口都讓我們驚豔不已。

　　就連簡單的炙烤蔬菜，都是如此地美味，漢堡更是沒話說，如果不跟我說是蔬食，還真的吃不出來那塊漢堡排不是肉，因為在我們當時的認知裡，覺得漢堡排是一個完全必須使用肉類才能做出來的料理，沒想到不使用肉類也能夠做到如此誇張相似的風

味跟口感，簡直不可思議，內心不禁產生震撼和驚訝，這塊看似普通的漢堡排，蘊含著豐富的層次和口感，每一口咬下去都彷彿吃著真正的肉質。這讓我們不得不重新思考飲食的定義，以及對食材和料理方式的理解。

用仿葷料理推廣素食

回到廚房裡，我們開始料理的探索和試驗。希望可以使用最容易取得的食材做出一款更健康營養的漢堡排，我嘗試使用各種不同的植物性食材，包括：豆類、蔬菜、堅果等，希望能夠找到一種最接近肉質的口感和風味。同時，在調味方面，我們也不斷嘗試添加不同的香料和調味料，以打造出一種豐富而平衡的味道。

在多次的嘗試和調整之後，終於找到了一個令人滿意的配方，能夠讓我們製作出與漢堡排相似的素食版本，口感扎實，香氣十足！利用肉食和素食的元素融合在一起，不僅滿足了葷食者和素食者的口味，也打破了人們對於飲食的傳統觀念，展現出飲食的多樣性和包容性。這種融合和包容不僅呈現在料理的味道上，更體現在我們對於食材和烹飪方式的選擇上，我們尊重食材的原味，同時也充分發揮烹飪的創意和想像力。

這種所謂的「仿葷料理」，成為了當時我們想轉變飲食最大的必須品，因為它同時擁有肉食的口感跟風味，卻不用傷害到任何動物，這也是為什麼我們頻道時常使用肉食的菜名來吸引大家目光，為的就是讓還沒有踏進蔬食領域的朋友看見，我們不用

肉食也可以做出一樣美味甚至更美味的料理，這樣才能達到「推廣素食」的目的。

啊！原來素食可以長這樣

從那刻起，我們對素食的看法產生翻天覆地的改變。這些料理不僅美味，更讓我們重新認識了素食的新風貌。我們開始意識到，素食不僅是一種飲食選擇，更是一種生活方式。而植物肉能滿足味蕾，還能減少對動物的需要，也更環保。在品味美食的同時，我們也開始深入探討素食對環境的積極影響。這份好奇心讓我們更加堅定地投身於素食之路。

「我可以為了這家餐廳而吃素。」小野的話如同一道光芒，照亮我們心中一直存在的猶豫。我們一直注重環保，但對於吃素這件事，心中總有著種種疑慮。然而，我們終於意識到，需要為了某些價值觀做出改變。那一刻，才真正理解到吃素並不意味著被剝奪，相反，它是一種積極的選擇，一種可以改變環境，保護地球的選擇。

因此，我們決定改變自己的飲食習慣。Eric 和 Carrie 就像老前輩一樣，引領我們進入素食的世界，嘗試各種不同的素食料理和食譜。我們學會如何用植物肉替代傳統的肉類，並且享受這樣的轉變帶來的好處。在這家餐廳的陪伴下，我們的關係也因為這份共同的經歷變得更加緊密。時常，我們就坐在餐廳裡，品酒、聊天、做菜，直到天亮才拖著疲憊的身軀回家。或許在別人看來，這樣的生活像

是放縱，但對我們而言，那是我們當時心靈上彼此依靠的最美好時刻。

改變與決定，來自最初的初心

透過那些徹夜長談，讓我們更理解他們走上這條路的初心。Carrie 是一位曾在食品業務領域打滾的人，甚至在我們認識她時，正在挑戰斜槓生涯，跟 Eric 一起經營餐廳。而她的轉變源於對動物的關懷，因此毅然放下肉食，轉向吃素。隨著時間的推移，她漸漸發現，自從改變飲食習慣後，她對食物有更深的認識，更加注重飲食的選擇和營養攝取。變得很有意識地在吃東西，反而吃肉的時候沒有過這樣的感受。

這種轉變和我們的經驗非常相似，當身邊的人得知我們吃素後，下意識的反應常常是擔心我們會營養不良，認為吃素不健康。但有趣的是，當我們吃肉時，時常都是大魚大肉，速食快餐等等，卻很少有人提出類似的疑慮。這種雙重標準讓我們反思，吃素的偏見是否源於對未知的恐懼。與此同時，吃素的習慣也使我們更加注重飲食的營養均衡，意識到我們吃進肚子裡的每一種食物都對我們的健康負有責任。

當時 Carrie 發現在外面找不到符合她口味的素食選擇，於是毅然決然地出國學習烹飪。回國後，她毫不猶豫地開始經營餐廳。那時甚至連原物料要去哪裡購買都不得而知，還誤以為每天都要親自走訪市場採購食材，幸運的是，她受到上天眷顧，就在她開始為餐廳奮鬥時，彷彿上天派出了

無數的使者，悄悄地來到她身邊，給予她無盡的幫助和支持。

致力打破葷素的刻板印象

正是這些無私的援助，讓 Eric 和 Carrie 得以順利度過開業的艱辛時刻，餐廳因此茁壯成長，現在即便是平日也常常座無虛席。他們驕傲地跟我們分享：「有時候客人從進門用餐到結帳離開，甚至都沒有意識到，他們剛剛吃的食物沒有肉。」而這正是他們想要傳達的訊息：用美味的料理，改變客人對蔬食的偏見。

而 Carrie 的合夥人 Eric，本身就是廚師出身，他的烹飪天賦源自於家庭背景。家人是經營一家鱉料理的熱炒店，18 歲就跟著家裡從學徒做起，從快炒店到上海菜餐廳，皆有涉獵。

甚至為了學習正統的披薩製作，他每天下班後都還會尋找機會跟著義大利人學習。

然而，就在過去，Eric 也是一位熱愛肉食的人。但隨著時間的推移，他的觀念發生了轉變，現在已成為一位注重健康養生的蔬食者。作為餐廳菜單的主要研發者，他深信，只有當蔬食看起來、聞起來、吃起來都與肉食一樣時，才能真正吸引肉食愛好者，從而擴大蔬食的受眾群體。他的努力和創意不僅豐富了餐廳的菜單，也深深地影響了人們對蔬食的態度。

找到生活最自在的樣子

就這樣，兩個看似傻大姐與傻大哥的個性，卻在素食界開創了屬於自己的一片天地。如今他們已經聯手創

立了四個成功的餐飲品牌，更跨足了身心靈瑜伽植物飲食餐廳。認識他們以來，就是看著他們一路衝，執行力超強，想到就立即去實踐，細節則在進行中慢慢調整。這樣的果敢與勇敢，實在少之又少。

相較之下，我與小野的性格則較保守，我們習慣先細心思考所有可能的情況，然後再踏出行動的第一步。但往往，當我們將所有計畫都精心安排好時，卻發現已經錯失了最好的時機。而 Eric 和 Carrie 的腦海裡時常湧現無數的創意與想法，這些念頭就像是無法停歇的小火花，在心中燃起了一股強大的動力，推動他們勇敢地追尋夢想。這也讓我相信只要追隨內心的聲音，總會找到前進的方向。

在這個充滿挑戰的世界裡，Eric 和 Carrie 用勇氣、決心和創造力來告訴我們，無論身處何地，無論遇到什麼挑戰，只要我們擁有信念和毅力，就能夠克服一切困難，實現自己的夢想。他們的努力與決心，不僅改變自己的命運，也為素食界帶來全新的可能性。讓我清楚地知道，無論前路如何艱難，都要勇於地走下去，因為成功的關鍵就在於永不放棄的堅持。

同時也要相信，每個人都可以透過改變自己的飲食習慣，來為環境做出貢獻。

跟上植物肉風潮

漢堡排

材料

罐裝鷹嘴豆
（可用自煮的）250g
豆腐 半塊
罐裝黑豆
（可用自煮的）100g
香菜 1 把
檸檬汁 1 顆量

調味料
鹽巴 2 小匙
黑胡椒粉 1 小匙
低筋麵粉 100g
植物油 5 大匙
營養酵母 2 大匙

作法

1. 先將鷹嘴豆、黑豆洗淨後，放入電鍋內鍋，倒入和它們齊平的水量，外鍋放入 2 杯水蒸煮，電鍋跳起後再悶 10 分鐘即可。若使用罐裝商品可略過此步驟。

2. 準備一台調理機或果汁機，放入煮熟的鷹嘴豆跟黑豆、豆腐、香菜，打成泥。

3. 再放入鹽巴、黑胡椒粉、植物油、營養酵母、檸檬汁，再次打均勻取出。

4. 加入低筋麵粉，用湯匙攪拌至非常黏稠。

5. 準備一個平底鍋倒入一點植物油，並用湯匙挖取打好的料至平底鍋並壓成直徑約 10 公分，厚度約 1.5 公分的圓形漢堡排。

6. 將漢堡排兩面煎到金黃，就可起鍋啦！

鹿比的小 tips

鷹嘴豆又稱為雞豆、埃及豆、雪蓮子，和黑豆一樣在大型超市會販售處理好的罐頭，可以直接使用！假如漢堡排用湯匙挖起來會掉落，代表不夠黏稠，再加一點麵粉即可！

香料烤時蔬

材料

紅甜椒 半顆
黃甜椒 半顆
茄子 半條
秀珍菇 約 40g
玉米筍 4 根
櫛瓜 半條
蘆筍 5~6 根
檸檬 半顆

調味料

鹽巴 2 小匙
義式香料粉 2 小匙
黑胡椒粉 1 小匙
橄欖油 適量

作法

1. 先將紅甜椒、黃甜椒切成塊。玉米筍、蘆筍對半切。茄子、櫛瓜、檸檬切成片。秀珍菇用手撕成兩半。

2. 準備一個大碗，放入切好的紅甜椒、黃甜椒、茄子、玉米筍、蘆筍、櫛瓜、秀珍菇，均勻倒入橄欖油、鹽巴、義式香料、黑胡椒，並攪拌均勻。

3. 準備一個烤盤，放上烤盤紙，把攪拌好的食材平鋪在烤盤紙上，再放上檸檬片，就可以放入烤箱，上下火 160 度烤 10 分鐘，再用 180 度烤 5 分鐘，就可以盛盤享用啦！

鹿比的小 tips

如果是氣炸鍋一樣用相同的溫度跟時間操作即可，或是直接用鍋子炒也很好吃唷！

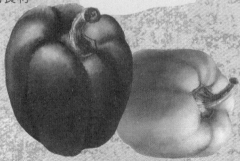

YouTuber 大前輩教會我們的事
~小樹~

·—————— ∞ ——————·

我們成立新頻道「野菜鹿鹿」的初衷，只是想分享美味的素食料理，卻不曾想過會吸引到許多支持我們的粉絲。起初，我們只是單純地在網路上分享素食料理，根本沒有將自己視為 YouTuber，所以常常穿著拖鞋、短褲，甚至頭髮亂蓬蓬，總是邋遢模樣出門，所以成為他人眼中的焦點這件事，我們完全沒有體會過。

漸漸的，在素食餐廳開始被人認出。有時候，還會被粉絲要求拍照，依舊邋裡邋遢的我們，內心真的是很想要找個地洞鑽進去。即便這樣，喜歡與他人交流的我們，每當遇到有一樣理想的人還是會超開心，並熱情地回應著大家的問題，因為能感受到粉絲的喜愛並與大家互動，對我們來說是最重要的事情。

隨著被認出來的次數越來越頻繁，我們漸漸意識到自己已經成為了 YouTuber。這種意識的轉變，讓我們開始面對各種合作邀約，但我們卻一無所知，毫無經驗可言。創業初期時，對於接案、報價、合約相關總是

束手無策。正當我們陷入迷茫之時，一位素食 YouTuber 的前輩——小樹，向我們伸出了援手。

超級慷慨且不藏私的前輩

　　起初，當我們向小樹請教時，並未抱持太大的期待。畢竟，在同行中，保留一些私密訊息是很普遍的現象。然而，小樹的慷慨超乎了我們的想像。他不僅僅是給予我們指導，更是毫不保留地分享他多年來經營所積累的寶貴資源，他分享的不只是一些基本的建議，還有他整理的合作流程表格。

　　這份表格包含了從接洽廠商、試用產品、報價、簽訂合約、拍攝時程的細節，是他多年來經過一次又一次的修正所完成的，竟然毫不保留地分

享給我們。這對於我們來說只是一個工具，但對於小樹來說，卻是他多年心血的結晶，真的讓我們受益匪淺。有了這份表格，我們可以更加有系統地與合作方進行討論，避免遺漏任何重要的步驟。這不僅提高我們的工作效率，還使我們更加專注和自信地面對合作的每一個環節。

除此之外，小樹還教我們如何與廠商溝通、合理的訂定報價，以及合約中需要特別注意的內容。這些寶貴的建議和指導，成為我們創業之路強而有力的支持。

從前輩到益友，珍貴的好夥伴

很長一段時間的學習後，小樹不僅僅是我們在這條路上的前輩，更是我們的良師益友。他無私分享自己的經驗和知識，讓我們少走了許多彎路，也看到了人與人之間的力量。如今，小樹不斷運用他的創造力，透過自身的經驗與大膽的思維，繼續闖出人生的斜槓，創立植物蛋的品牌，與夥伴們沒日沒夜的努力，在食品界獲得備受肯定的獎項，但他並沒有因此停下來，繼續積極參加各種展覽和活動，拓展產品的知名度和影響力。

他總是可愛又堅定地說：「要成為拯救雞雞的男人！」這句話聽起來很幽默，但我們深深相信，這一份強而有力的信念，會帶來一股前所未有的影響力，而菜脯蛋是我小時候很愛的一道菜，不吃雞蛋之後，時常就用豆腐來懷念它的味道，我許願有一天，會有現成的植物菜脯蛋問世！

前輩大手拉小手
菜脯蛋

材料

豆腐 1 塊
豆包 2 片
蘿蔔乾 50g
香菜 1 小把

調味料
黑鹽 1/2 小匙
薑黃粉 1/2 小匙
鹽巴 1/2 小匙
白胡椒粉 1 小匙
玉米粉 6 大匙
醬油 1 小匙

作法

1. 蘿蔔乾泡水備用，香菜切成細末。

2. 將豆腐、豆包捏碎一起放入大碗中，加入薑黃粉、白胡椒粉、鹽巴、糖、醬油、玉米粉，攪拌均勻靜置 10 分鐘。

3. 準備一個平底鍋倒入一點植物油，放入蘿蔔乾炒出香氣。

4. 炒香之後倒入豆腐跟豆包裡面，再放入香菜攪拌均勻備用。

5. 原鍋倒入香油，放入攪拌好的豆腐，壓平壓緊實並小火煎到兩面金黃，表面均勻撒上黑鹽就可以起鍋享用囉！

鹿比的小 tips

每款蘿蔔乾的鹹度不同，可以先單獨試吃看看，如果太鹹就先泡水 5~10 分鐘，如果不會過鹹沖洗即可使用。豆腐的水分也不同，可以自行增減玉米粉的量。食譜中使用的黑鹽，是一種礦物，具有獨特的硫味，這個味道可以模擬蛋的味道，富含多種的礦物質，包括鈉、鉀、鈣、鎂、鐵，是素食者可以拿來增添料理風味的調味料。

留存中菜精神的 70 歲料理人
～連叔叔～

因為很好奇作為一位職人主廚會推薦什麼餐廳，於是我們問了廚師朋友 Hugo，他推薦一家位於天母的素食餐廳。這家餐廳早在我們還未轉素之前就已經名聞遐邇，並且享有極高評價。因此，我們決定直接攜帶相機，去捕捉這初嘗的真實一幕。

記憶中「就是這一味」的魔力

走進餐廳，一股北方老麵糰的香氣撲鼻而來，帶著濃濃的家鄉味道，讓人心生溫暖，整個空間都散發著濃厚的懷舊氛圍，像是一幅古色古香的畫卷，充滿著猶如老飯店的溫馨與舒適，好似穿越回歲月的長河。

老闆連叔叔熱情地招待我們，笑容裡充滿了親切和善意，彷彿在迎接自己的兒女一般。我們坐下來挑選菜色，期待一場前所未有的美食之旅。

隨著一道道色香味俱全的素食料理被端上桌，我們的味蕾彷彿被點亮了一般，每一道菜都像是精心製作的藝術品，不僅在味覺上帶來無限的驚喜，更讓人感受到了料理人的用心與

熱愛，每一口都是一種享受，每一道都是一種全新的體驗。

　　最後讓我忍不住流下眼淚的，是那道梅干扣肉，一層一層整齊堆疊的食材，細膩精巧，展現著老中式料理的精髓。當今社會，越來越少人願意花時間去製作這樣費工的肉食料理，更別說是素食了。

　　然而，這道菜的呈現，超越了我們的想像！素食料理居然可以做得如此到位，讓人感嘆不已，傳統的中菜精神在素食料理中得到如此完美的展現，實在令人難以置信，必須要好好流傳下去。它不僅僅是一道美食，更是一份文化的傳承，一種對料理的熱愛和堅持，而我相信這將激勵著我們乃至更多的人，支持這份美味永遠留存於世間。

昔日烤鴨名店，今日素食餐廳

　　其實 20 幾年前，這是間烤鴨餐廳。那時在連叔叔手中，烤鴨不只是一道傳統美食，而是融入了他對料理的獨特理解和精湛廚藝，成為了無數

饕客心中的美味代名詞。然而，就在 2010 年，當大家還在為他的烤鴨風味沉迷時，連叔叔卻做出了一個驚人的決定——轉型成為素食餐廳。

這個決定引發了無數人的驚訝和質疑，無法理解為什麼一位在肉食料理上如此有成就的主廚，竟然會選擇轉向素食的道路？「因為媽媽生病了。」連叔叔眼眶泛著淚光說道。

「媽媽生前希望我做素食餐廳，而當時我非常反對，沒想到地藏王菩薩降駕到一位老師身上，跟我說：『你要做素食！』。」

短短三個月期間，地藏王菩薩降駕了三次到同一位老師身上，甚至第三次還捶桌發飆，連叔叔嚇到了，於是，他跪下來說：「好！我答應祢，我把餐廳改成素食。」當下他決定跟隨內心，完成媽媽的夢想。

隔天，連叔叔召集所有員工，下令從今天起餐廳改做素食，這個決定並非想像中容易，但連叔叔的心意已定。令人感動的是，所有員工也願意跟隨著他的決定，全都毫不猶豫地留下來，從那天開始，連叔叔和員工們每天都在努力研發素食料理，探索著素食的無限可能，甚至吃遍了全台各地的素食，認真地品嘗、研究，希望能夠創造出更多美味的素食佳餚。

而就在連叔叔決心要做素食後，媽媽安心離開了，這一切的發生，彷彿是上輩子的約定，媽媽耐心地等待他做這個決定，像是一種奇妙的安排，超越了時間和空間的聯繫，讓人欣慰的是，媽媽的願望在連叔叔的努力下得以實現，這不只是實現了她對

兒子的愛與期待，也是一份媽媽留下來的傳承與禮物。

只求美味，料理不設限

在連叔叔的引領下，素食餐廳逐漸嶄露頭角，他將對烤鴨的精湛掌控轉移到素食料理上，用心打造出一道道讓人垂涎的美食。素食的魅力在他的手中完美展現，順應著時代潮流，超越了傳統的桎梏，重新定義人們對美食的理解。他也深信美食不應局限於某一種食材或口味，而是廣納一切，探索料理的多樣性。

然而，連叔叔並不滿足於此，他深知，要想讓更多人接受素食，不僅需要美味的味覺體驗，更需要打破人們對素食的傳統印象。因此，他依然不斷研發新菜色，嘗試將傳統素食與現代料理相結合，打造出一道道既美味又有具新意的菜餚。更讓人心動的是，那些曾經只存在於肉食餐廳中的美味，在連叔叔的巧手下煥發出了全新的生命，他以豐富的想像力，將素食食材烹飪得如同肉食料理般的香氣跟風味，每一道都令人回味再三。

為了致敬連叔叔，我選擇將青椒鑲肉以及橙汁排骨納入這本書中，這兩道菜不僅是我心中的拿手好菜，也是不可缺少的中式菜餚，以此來表達對連叔叔的尊敬和感激之情。雖然轉變成素食後的製作相當繁複，同時又要兼顧外觀跟風味，研發過程中也絞盡腦汁，也盡可能選擇大家手邊容易取得的食材，嘗試幾次之後，最終得出了成果，如果你也願意嘗試的話，成品絕對會讓你驚豔不已。

經典再現

青椒鑲肉

材料

青椒 2 顆
鮮香菇 3 朵
茄子 1 條
老薑 10g
大辣椒 1 條
油豆腐 8 塊
豆包 3 片

調味料
醬油 2 大匙
醬油膏 2 大匙
糖 2 大匙
五香粉 少許
白胡椒粉 少許
麵粉 2 大匙
太白粉 2 大匙
水 3 大匙

醬汁
醬油 2 大匙
醬油膏 2 大匙
糖 1 大匙
白胡椒粉 1 小匙
太白粉 2 大匙
水 150g

作法

1. 用刀子在青椒蒂頭處繞一圈不要切斷，旋轉一下就可將蒂頭整個拔出，將籽清洗乾淨備用。
2. 鮮香菇、老薑、茄子切小丁。油豆腐、豆包用手剝小塊。大辣椒切片。
3. 準備炒鍋倒入一點植物油，放入油豆腐、豆包煸至金黃。再放入鮮香菇、老薑、茄子炒香。
4. 倒入醬油、醬油膏、糖、五香粉、白胡椒粉、水，炒香後取出放入大碗。
5. 倒入麵粉、太白粉攪拌均勻至稍微黏稠狀，餡料就完成了。
6. 取一個青椒，裡面均勻抹上太白粉並用湯匙塞入餡料，壓至緊實。
7. 每個塞好餡料的青椒切成約 3 ～ 4 公分一段的大小備用。
8. 再來調醬汁，取一小碗倒入醬油、醬油膏、糖、白胡椒粉、太白粉、水攪拌均勻。
9. 準備平底鍋倒入一點植物油，放入切好的青椒鑲肉兩面煎至金黃。
10. 倒入醬汁，熬煮到濃稠就可起鍋，再撒上辣椒片就能享用啦！

鹿比的小 tips

餡料一定要攪拌到有點黏稠，如果黏稠感不夠，可以再增加太白粉的量。青椒裡面也要均勻灑上太白粉，否則切的時候青椒跟餡料容易分離。

\\\ 傳統中菜重新演繹 ///
橙汁排骨

材料

油條 1 條
馬鈴薯 1~2 顆
豆包 3 片
老薑 15g
紅甜椒 半顆
黃甜椒 半顆
白芝麻 適量

麵糊
低筋麵粉 90g
糖 1 大匙
白胡椒粉 1 小匙
五香粉 1/2 小匙
鹽巴 1 小匙
水 120g

醬汁
柳橙汁 300ml
檸檬汁 半顆量
昆布醬油 2 大匙
味醂 1 大匙
太白粉 1 大匙
水 2 大匙

作法

1. 將馬鈴薯切成約 2 公分寬條。紅黃甜椒切小塊。老薑切成末。油條切段，長度約馬鈴薯條的 2/3。

2. 再調製麵糊，準備大碗，倒入低筋麵粉、糖、白胡椒粉、鹽巴、五香粉、水，拌勻備用。

3. 接著製作素排骨，將油條用筷子從中間戳洞掏空，把馬鈴薯條塞入油條中備用。

4. 再來將豆包攤開來並切成長條狀，沾上麵糊，包裹在油條的外面，用麵糊黏住。

5. 準備油鍋，燒熱至 160 度，將做好的素排骨再整個均勻裹上一層麵糊，放入油鍋炸至金黃酥脆後取出備用。

6. 再來調製醬汁，準備小碗倒入柳橙汁、檸檬汁、昆布醬油、味醂、太白粉、水，拌勻備用。

7. 準備炒鍋倒入一點植物油，放入薑末爆香。

8. 倒入調好的醬汁，熬煮到冒泡，再放入彩椒、素排骨，均勻裹上醬汁就可以起鍋了。

9. 盛盤後撒上白芝麻，如果有柳橙片可以放上裝飾，就可以享用啦！

鹿比的小 tips

油溫到了之後，再整個素排骨裹上麵糊並直接下油鍋，如果事先裹好，素排骨會變得軟爛不好成型。

Chapter 3

全植家人，各種風景

一個知心的笑容，讓心知道彼此是同路人，

於是一路相伴，

用愛繼續灌溉世界，回應地球的愛。

讓我們人氣暴漲的無肉市集
~ Chelsea ~

相信很多人對無肉市集並不陌生，而無肉市集也是讓更多人看見我們的主要推手之一。

無肉市集的第一場，當時是在台中的一個建商空地上，記得那天下著綿綿細雨，濛濛的雨幕中彷彿籠罩著一層神祕的氛圍。

大膽與理念堅持的精神

我們那時還不是野菜鹿鹿，甚至還沒有完全吃素，純粹是出於好奇，想知道這個傳言中很大膽的創辦人所舉辦的無肉市集是怎樣的一番景象。

之所以會被說很大膽，就是因為市集的一個規定：要求客人自備環保餐具。這規定實在是太勇敢了，我們想，難道這位創辦人是瘋了嗎？不怕被人罵嗎？要求客人自備餐盒餐具，看似簡單，實則是一個超級大的挑戰，特別是現在這個社會，早已習慣一次性用品。當時連我們出門自備餐盒，也時常遭到異樣的眼光或是直接辱罵，光用想的挫折感就油然而生。於是我們毫不猶豫地開車殺去無肉市

集，想要一探究竟。很想看看，這位創辦人是如何用這樣大膽的舉措來影響人們，尤其是在這樣的天氣下，是否還有人來參加，更重要的是，背後到底隱藏著怎樣的意義和理念。

當我們停好車，提著沉重的玻璃餐盒，抵達市集門口時，眼前的景象讓我們震撼不已。我和小野真的是看傻了，因為幾乎每一個人都拿著環保餐具在排隊購買食物。這一幕讓我們內心湧上濃濃的感動，那種被理解、被認同的溫暖直接撫平了曾經被嘲笑、不理解的傷痛。

我們彼此哽咽著，互相注視著，彷彿心靈深處的共鳴在這一刻達到了最高點。「哇！這裡的人們都跟我們一樣耶！」我們發現，在這個無肉市集裡，我們並不孤單，反而是與眾多支持環保、支持素食理念的人一起相伴而行。

市集體驗，留下深刻印象

我們走進無肉市集，儘管下著細雨，但攤位上的人們依舊笑臉迎人，空氣中飄散著陣陣誘人的香氣。而我們也感受到一股前所未有的力量，是一種激勵我們去思考、去改變的力量。品嘗著美食同時才驚覺，原來，素食可以如此美味！原來，素食可以如此變化多端！原來，台灣有著豐富的素食文化！這次的體驗讓還沒有吃素的我們大開眼界，對素食的理解和認知也有全新的突破。

正當我們準備離開時，偶然間看到一位身穿全白洋裝的女性，正在接受電視台的採訪。她氣質非凡，站在

攝影機前自信而優雅，談吐更是落落大方。我們站在一旁偷偷聽了她的訪談，才得知她就是無肉市集的創辦人！可惜當時錯過了認識她的機會，緣分似乎還未到來。

過了一年，我們終於下定決心離開原來的工作，創立了自己的 YouTube 頻道「野菜鹿鹿」。這一年來，我們經歷了許多事情，讓我跟小野下定決心要靠自己的力量出來打拚。我們開始不斷研發創新素食料理、參加各種活動，努力增加頻道的曝光率。

一封郵件改變了我們的人生

Chelsea，擁有推廣蔬食熱情的無肉市集創辦人，也就是那時我們在無肉市集擦肩而過的氣質女性，邀請我們參加無肉市集 3.0，甚至還可以加入拍攝宣傳影片，並且將會有超過一百個攤位一同參與，是首次非常大型的純素環保市集。我們知道，這對於我們來說是一個充滿挑戰、也是展現我們料理技能和影響力的機會。

興奮之下，我們幾乎忘了自己的經驗和設備不足，完完全全就是個擺攤小白，不禁開始手心冒汗、不知所措。這時候腦海跳出來的第一個人就是菖哥！迅速求助於他。在我們齊心協力的合作下，居然創造了第一次擺攤就賣出八百份的驚人銷售。當天，我們的 Instagram、Facebook、YouTube 訂閱數瞬間爆增，收到了許多私訊、留言，也與許多人合照。雖然從早站到晚，手更是沒有停下來過，身體早已不聽使喚，但心中充滿

了愉悅和滿足。

　　市集結束後，我們終於有時間漫步在活動場地中。觀察著每個陌生的臉孔，都面帶笑容，充滿了笑聲和交流，彷彿是一個大家庭的聚會。志工們依然熱情滿滿，忙著將場地恢復原狀，即便已經是深夜了。而我們的第一感受是，將近 4 萬人的活動場地，竟然看不到任何垃圾，聽不到任何抱怨，每個人都笑容滿面。這讓我們不禁讚嘆，究竟是多麼強大的信念造就這樣的氛圍，持續這麼久，改變這麼多人。這種影響力是我們作為蔬食推廣者非常需要學習的。

一股神奇的力量牽引著我們

　　想著想著，創辦人 Chelsea 在遠處叫住我們：「鹿比！小野！等等我

們這邊收完要不要一起嗨到早上？」

我心中暗想：「到底是哪裡來的瘋子，膝蓋想也知道辦這種大型市集需要耗費多少精力，活動結束不趕快回家休息還要嗨到早上？我都已經超累了，難道是我體力太差嗎？」當時因為跟 Chelsea 還不熟，沒有把這些 OS 講出來，就默默回答了一聲：「喔！好啊。」

「那我們在找蔬食家見喔！再傳地址給妳。」說完她就匆匆忙忙地跑去忙了。

抵達找蔬食那時的住處，除了找蔬食跟 Chelsea 以外，都是陌生臉孔，對我這個 MBTI 是 I 開頭的人來說，真的很想逃離現場，加上身體很疲憊，打從心底佩服他們仍然精神奕奕、打打鬧鬧，像是認識很久的老朋友一樣，而我們就像剛融入新環境的新鮮人，安靜的在一旁聽著、看著。很開心的是，他們對我們也像是自己人一樣，毫不避諱地討論著剛剛市集發生的各種令人生氣、開心、無奈和辛苦的事情，聽著聽著我們放下了想要逃離的想法，跟著一路嗨到早上。

從那次之後，跟 Chelsea 開始在社群上有私聊跟互動，她分享了許多創業以來的困難與解方，以及無肉市集背後的故事和理念，述說了她對於有意識生活的熱愛，以及她打造無肉市集的初衷，她希望能夠為每一個人帶來更健康、更美味的飲食選擇，同時也鼓勵大家尊重動物生命和致力環境保護。因為環境保護而吃素的我們，每次跟她聊完，都會被她的熱情跟堅持所感染，彷彿被充電一樣，又

可以再次回到工作崗位繼續奮鬥。

　　很快就到了無肉市集 3.1 在南投草屯的日子，Chelsea 熱情地邀約我們再次參與擺攤。這次我們調皮地說：「不要！」上次累到不行的經驗讓我們決定好好感受無肉市集的氛圍，並想要利用影像把美好時刻記錄下來。

　　當時我們還住在台北，剛好在跟 Chelsea 討論是否當天再前往南投，或者提前一天下去時，沒想到她二話不說：「你們前一天先來住我家啊！」（Chelsea 家住台中）這讓我們有點受寵若驚！對我們來說，Chelsea 是一位令人敬佩的創業者，參加過一次市集就能感受到，她真的是將推廣蔬食和希望廠商共好的理念放在金錢之上。能堅持這樣的想法代表她的信念足夠強大，我甚至默默地把她視為學習的對象。這段時間我們與 Chelsea 只有文字往來，沒有面對面的深度交流。對我來說，住別人家是需要很熟悉、親密的朋友關係才可以的。但在 Chelsea 的再三說服下，我們答應了。

　　一打開門發現，啊！又是好多人啊！而且他們又都是陌生的臉孔。大家打完招呼繼續各自忙碌著，有人在聊天，有人在製作明天要用的廠商招牌，有人在畫市集的主視覺海報，有人忙著煮飯，還有人在討論明天的活動流程。10 幾個人擠在大約 20 坪的客廳裡，情況真的看起來相當繁忙，第一次看見如此繁雜的流程，也體會到辦一場活動需要的縝密思維、安排與各種體力，而這一切，是由一群人

的共好所搭建而成，猶如納豆的獨特滋味，與酪梨拌在一起，那股濃稠又相融的味道是缺一不可。

　　奇怪的是，這次我好像沒有 I 型人格的尷尬感，反而很快就坐下來加入大家。雖然我們彼此都不認識，卻有一種奇妙的熟悉感，彷彿我們都朝著相同的目標前進。或許是因為我們的信念逐漸與他們越來越一致，讓這種尷尬的感覺消失了。我們彼此像是早已熟識的朋友一樣，感覺非常舒適、自然。當晚的深度對談也讓我們與整個無肉團隊的距離越來越近，更加了解彼此，也讓我們對 Chelsea 的敬佩與感激之情更加濃厚。之後每一場的無肉市集，我們幾乎都沒有缺席，有時是廠商，有時則是工作人員。樂於幫助別人的我們，時常開玩笑地說自己就像是無肉市集的機動組，哪裡需要幫忙就去哪裡。

　　在參與無肉市集的過程中，我們也終於找到這股強大的信念。我想這股力量並不是什麼偉大的抱負，單純是善良和愛吧！雖然說起來簡單，但當品牌與商業利益掛勾時，要保有初心和純真實在不簡單。因為我們從內心深處渴望這個世界變得越來越好、越來越健康。所以當這股善的力量聚集起來時，所能創造的力量可能是好幾萬倍。這也就是為什麼每個人走進無肉市集時，都會充滿感恩、愉快和幸福的心情。

　　即便市集結束後身體多麼疲憊，我的心靈仍然想要與這群充滿愛的人們交流，分享著彼此的喜悅和感動。

共好與共善的初心

　　Chelsea 始終都不吝嗇地分享她的資源給我們，不管我們跟隨她到哪個場合，她總是像我們的經紀人一樣，熱情地向他人介紹我們。甚至在她因忙碌而婉拒專訪時，她也會再次推薦我們，說：「你們可以去採訪野菜鹿鹿，他們也是在推廣蔬食的年輕人，值得被更多人看見。」我們因此獲得不少被大眾看見的機會，被媒體採訪、跟公眾人物交流等等，無條件接受了好多來自無肉市集的資源，也因為有他們的支持，讓我們在創業這條路上並不孤單，感覺就像有夥伴一樣，雖然要完成的事情，可能還沒有明確的答案，我們卻好像知道該怎麼做。

　　如今，我們被 Chelsea 拉下來台中居住已經將近三年多，因為太常膩在一起，與 Chelsea 一家人的緊密程度已經如同家人般，她家的廚房我早已當成自己的廚房，時不時就端出美味的菜餚讓大家享用，而第一次吃到 Chelsea 親手做的料理，就是酪梨沙拉，這是鮮少下廚的她常常掛在嘴邊的拿手料理，因為非常快速簡單！當鮮嫩的酪梨與新鮮的蔬菜碰撞，那種香氣就如同春日裡的微風，輕柔而清新。我用叉子輕輕切入那塊綿軟的酪梨，感受到了豐富的奶油質地在口中融化。這道菜的簡單清爽讓人感受到食物的原汁原味，彷彿在呼吸著大自然的氣息。

　　她時常也會向我討教料理技巧，我們一起分享著喜愛的食材跟料理，因為她的酪梨沙拉，讓我愛上酪梨，

也開始思考如何再添加我們自己愛的食材。都愛納豆的我們，決定將其加入這道菜中增加營養價值，更增添了獨特的口感和風味。納豆的細膩滑潤與豆腐的綿密柔軟，在酪梨的奶油質地中交織出了美妙的口感。

謝謝妳的愛，讓我們更堅定

一路走來，從客人、攤商、夥伴、朋友再到家人，已經是徹底讓彼此走進對方的生命中，現在想起來是多麼地不可思議，就像 Chelsea 曾經跟我們說：「我們就像是幾輩子的感情累積，現在是靈魂久別的重逢。」她的照顧我們一直都心存感激，她有時像個媽媽、有時像個大姊姊、有時又像是工作夥伴，總是在我們遇到問題時，挺身而出，真的是個堅強後盾，她讓我們感受到生命的溫暖和美好，也讓我們更確信走在這條推廣蔬食道路上的決心。

我想，無肉市集的魅力不僅僅在於美食，更在於它背後的故事。這裡匯聚了一群對素食和生活充滿熱情的人們，他們不斷地探索、創新，並致力於將這份愛傳遞給更多的人（想了解更多無肉市集的故事，可以去看看《無肉市集》這本書）。

謝謝妳，Chelsea，謝謝妳給予我們這麼多溫暖和支持，讓我們的生活變得更加豐富多彩，對於很多事情，我們產生了更多力量，無論未來我們走向哪裡，都會帶著妳這份愛，堅定地往前走。

納豆拌酪梨豆腐

材料 ————·

納豆 2 盒
酪梨 1 顆
豆腐 1 盒
香菜 少許

調味料
日式醬油 3 大匙
山葵醬 少許
七味粉 1 小匙

作法 ————————————·

1. 將冷凍納豆退冰，酪梨、豆腐切片，香菜切末。
2. 準備一個碗，放入納豆、香菜、日式醬油、山葵醬，用筷子快速攪拌 100 次，呈現泡泡濃稠狀。
3. 接著將酪梨跟豆腐在盤中交錯擺放，上面均勻放上攪拌好的納豆。
4. 最後撒上七味粉，就可以享用啦！

鹿比的小 tips

這道料理放在白米飯、烤吐司或法國麵包上都超級好吃！早餐吃營養滿滿又有飽足感！記得納豆透過攪拌才會有滿滿的鮮甜味，所以一定要攪拌喔！

我找到了隱藏在冰山下的內在小孩
感謝另一個小孩：Evelyn

自卑，是我從小到大的習慣，但我不願意承認。所以我穿上一層又一層的保護衣，來掩蓋我內心的恐懼與不安。

擁有許多的童年，其實很孤單

我是在雙薪家庭長大的獨生女，爸媽都從事教育行業。從表面上看，我應當是一個幸福、充滿愛的孩子，擁有良好的物質條件和家庭背景。然而，現實卻是內心孤獨，被自卑的陰影籠罩。

爸媽從小對我寵愛有加，他們不僅給我物質上的支持，更給了我無盡的陪伴和鼓勵。為我提供最好的教育和成長環境。私立學校、家教、音樂、美術課程等等，無一不顯示著他們的用心和付出，也常常帶著我到處遊玩，爬山、看海、遊樂園等等，每一個回憶都充滿了溫馨和快樂。

然而，隨著時間的流逝，小時候玩樂的記憶早就煙消雲散，不知何時開始他們的陪伴似乎遠離了我。我的熱情分享，彷彿成為他們的負擔，漸

漸的，我切斷與他們的溝通。我明白，他們不惜一切代價地想要培養我，希望我讀好書、找到好工作。為了維持一樣的經濟條件，他們的時間被工作占據，即便是假日也沒有餘力再陪伴我。但當時，我想要的其實就是陪我聊聊天就好，我想這是很多獨生子的心聲吧！

就這樣，孤獨成了我生活中的一部分，我經常一個人度過從放學到深夜的時光，家裡變得安靜而冷漠，充滿了一種無法言喻的孤寂感。為了填補這份空虛，我開始採取了一些極端的行為，我試圖用自己的方式引起他們的注意，甚至是故意犯重複的錯誤，希望他們會跟我說話，即便是責備謾罵的言語。然而，隨著時間的推移，我漸漸發現，這樣的行為並不能填補我內心的空虛，反而使孤獨感變得更加強烈。

內在的渴望，從來沒有看見

久而久之，我習慣了家裡缺少溝通的冰冷空氣，也習慣了一個人在房間裡跟自己對話，試圖假裝有個人能夠陪我聊天。孤獨使我不擅長與人交流，也不知道如何處理人際關係。所以每當遇到問題時，我總是選擇逃避，而不是勇敢地去面對和解決。我知道，這一切並不是爸媽的錯，他們只是盡力為我提供更好的生活。我也很慶幸他們從來都不是會把工作問題帶回家的父母，也沒有讓我擔心過家裡的經濟，即便爸爸因為血癌住進醫院，他們也沒有讓當時才國中的我承擔任何金錢壓力。

但……我好像是個需要陪伴的孩子，因為有著高敏感特質，導致不安全感太過於強烈，既然沒有人聆聽、理解，那我就偽裝自己吧！強迫自己長大、成熟，開始展現出開朗、自信的一面，把內心自卑、不安的小孩一次又一次藏在心裡最深處……

生命中的牽引與天使出現

直到我遇見了 Evelyn，她是 Chelsea 的大女兒，她成為了我生命中一個特別存在。

Evelyn 是一個擁有著老靈魂的 8 歲孩子，她的表達、肢體、邏輯蘊含了超齡的智慧和靈性。我常常問 Chelsea，到底是用了什麼樣教育方法？Chelsea 總是淡淡地說：「可能是我晚上常常會跟她一起坐在床上，陪她聊天吧。」這一刻，我明白了，一個孩子如此成熟和理解的背後，是無限的聆聽和對話。

有一次，邀請了 Chelsea 一家來我們家吃飯，當時我們還不太熟悉 Evelyn，所以也沒有太多交流。吃完飯後，大家都還在客廳聊天，我習慣先一個人在廚房整理碗筷，而 Evelyn 突然走進來，靜靜地站在我身旁陪伴著我，用一種超越年齡的成熟語氣開始與我交談。那時的她，彷彿是一位老靈魂化身，用她純潔的心靈撫平了我內心深處的那個小孩。這個小小的舉動背後蘊含著滿滿的溫暖，彷彿是上天為我安排的美好邂逅。她與我有著相似的敏感和共感，卻是用一個孩子的身軀展現出來，這份靈性真的讓我非常訝異。

漸漸的，我們和 Chelsea 一家人之間的情感日益加深，Evelyn 早已不僅僅是 Chelsea 的小孩，更像是我的妹妹甚至女兒。我們也經常去她家吃飯，享受著家庭溫馨和互相陪伴的時光。有一次，我正在廚房忙著準備飯菜，Evelyn 突然跑了過來，用手示意我蹲下。當我蹲下時，她靠近我的耳邊，輕聲地說：「鹿比比，我愛妳。」然後就害羞地跑走了，我當下眼淚瞬間潰堤，短短一句話，力量卻是如此強大，正是當時我需要的，就在那一刻我的內心小孩開始得到救贖。

內在的圖像就像一味藥引

後來，因緣巧合之下，我們搬到離 Evelyn 學校僅一分鐘車程的透天厝。如果 Chelsea 一家無法及時接

Evelyn 放學，我們家就成了她放學後的安親班。有一陣子，Evelyn 情緒比較低落，Chelsea 跟我偷偷商量，希望我暗中去學校接她，給她一個驚喜。她一看到我就開心地飛奔過來，走回家的路途上，Evelyn 跟我說：「我昨天就知道妳會來接我了！」

我說：「啊～那這樣就沒有給妳驚喜了！」Evelyn 回我：「不會啊，就算知道，看到妳來接我，我還是覺得很驚喜很開心。」聽到之後，心裡真的暖暖的，更加確定，這個孩子就是上天派來，給我心靈上的陪伴。一路上我們像朋友一樣無拘無束地聊著天，她有條有理述說著今天在學校發生的點點滴滴，我細細地聆聽著、熱情地回應著。

突然間，我醒悟了，原來 Evelyn

就是我內心深處的那個孩子，我其實一直都在與自己對話。回應她的每一句話，都像是在回應小時候的自己，每一段對話內容，彷彿都是我渴望聽到父母的回饋與關愛，既觸動心弦又充滿驚喜，我似乎在漸漸打開自己的耳朵、雙眼以及內心的枷鎖，不再感到害怕與孤寂了。

照顧孩子也照顧到了自己

回到家我們一起做著晚餐，純素紅蘿蔔炒蛋，是她的最愛，每當我們動手做這道菜時，Evelyn 總是神采飛揚，彷彿找到了內心深處的快樂。我曾問過她為什麼如此喜愛紅蘿蔔炒蛋，她告訴我，有機紅蘿蔔是非常甜的，不會有一般紅蘿蔔的土味，所以跟豆腐煸到酥酥脆脆的香氣交織在一起，讓她感覺溫暖而舒適，宛如回到家的感覺。或許 Evelyn 真的就像是我的內在小孩，所以這道菜對我也有著療癒或安撫的作用。

純素紅蘿蔔炒蛋或許只是一道普通的家常菜，但對我而言，它有著特別的意義和價值，它是我們共同度過美好時光的象徵，是我們共享情感的紐帶。

謝謝妳，Evelyn，謝謝妳來到我的身邊，現在看到妳，我都好像看到了自己童年的模樣。透過照顧妳，我學會了如何真正愛自己，這一切讓我漸漸明白，年齡大小並不是衡量一個人智慧和價值的唯一標準，也明白幸福並不全然來自於物質，人與人之間那細微的溝通、明白與懂得，才是心靈穩健成長最珍貴的禮物。

簡單卻療癒
紅蘿蔔炒蛋

材料

紅蘿蔔 1 條
板豆腐 1 塊

調味料
醬油 1 大匙
白胡椒粉 1 小匙
黑鹽 1 小匙
水或米酒 50g

作法

1. 先將紅蘿蔔刨成絲。
2. 板豆腐用餐巾紙稍微吸乾水分後用手捏碎。
3. 準備一個炒鍋倒入一點植物油，先放入板豆腐炒至金黃。
4. 再放入紅蘿蔔炒軟。
5. 倒入醬油、白胡椒粉、水或米酒大火炒香。
6. 水分完全收乾後放入黑鹽拌炒均勻，就可以起鍋享用啦！

鹿比的小 tips

豆腐以及紅蘿蔔都算是比較會吸油的食材，如炒的過程覺得油不夠，可以適當的再加一點油，這樣香氣會更棒！如果想要讓豆腐更像蛋，可以適量撒點薑黃粉增色，不過記得一定要小火，否則薑黃粉很容易有苦味。因為黑鹽遇到高溫之後硫味會消失只留下鹹味，所以記得起鍋前再加入拌炒。

原來生命的誕生是可以如此溫柔
再次震撼我的 Chelsea

當我得知 Chelsea 即將迎接第二個孩子 Micaela 時，心中湧起一股難以言喻的感動。我抱著她哭了，或許是因為情誼深厚，彷彿我也親身經歷了她的喜悅。而最讓我驚訝的是，Chelsea 選擇了溫柔水中生產，這帶給我一場有如生命奇蹟般的體驗。

以往我總是聽媽媽說：「我就是吃全餐，妳早產三個星期、很小一隻，所以生妳都不會痛，咻一下就出來了，跟大便一樣。」所以我一直以來都覺得生產就是去醫院，吃全餐，

一點都不困難。然而，自從認識了水中生產，完全顛覆了我對於孕育生命的認知，也才知道原來我對於生命的誕生是多麼的無知。

帶著全然的相信做一個決定

溫柔水中生產並不僅僅只是一種生產方式，更是一種尊重、愛與關懷的象徵。這種方法強調給予孕婦和寶寶最溫柔、最貼心的照顧，讓他們在這個重要的時刻感受到溫暖和安心。

當我問起 Chelsea 為何這次選擇

溫柔水中生產時，她坦言，生下第一個孩子時，她還未對生產方式有太多的意識，只是按部就班地選擇普遍的方式。雖然知道有這個方法，但並不認為有必要去實踐。然而，隨著時間的推移和生活經驗的堆疊，她的心境也隨之轉變。尤其是她從 20 歲開始長期的素食生活，讓她對於生命接引的方式有了深刻的連結後，產生了一種強烈的直覺指引：小孩來到這個世界時應該被溫柔、尊重地對待。

當 Chelsea 生產的時刻來臨時，她身邊最親近的家人朋友都到她家裡陪伴她，而她也希望我直接進入水中生產的房間裡，幫她拍攝並共同經歷這個重要的過程。我當時其實有些抗拒，內心猶豫著，擔心自己無法承受看到整個生產過程的心理衝擊，但同時又渴望與她一同分享這份喜悅，並對生命的誕生也充滿好奇。當我看著 Chelsea 的宮縮時間越來越短，她的表情和疼痛感也越來越強烈時，我的共感能力又被打開了，我努力忍住眼淚，心裡不斷為 Chelsea 加油打氣，給予她堅持下去的力量。

整個過程中，三名助產師不斷在 Chelsea 身旁給予鼓勵和呼吸指導，不停地為她按摩腰部和腹部，以緩解她的痛楚。雖然 Chelsea 一度痛到大叫：「我～不～想～生～了～」但她依舊堅強地撐過每一次的宮縮。新生命即將誕生時，Chelsea 進入水池中，而她的先生四億哥也跟隨著進入水中，緊緊的在背後環抱著她，給予她力量和支持。助產師在一旁不斷地重複著令人振奮的那句話：「信念創造

實相喔！」而這句話如今已成為了我們日常給予自己鼓勵的座右銘。當我們的信念足夠強大時，就能夠創造出我們所渴望的現實。

孩子，歡迎你的到來

　　我站在旁邊目睹這一切，心中充滿了感慨和敬意。在這個特別的時刻，我感受到生命的偉大，也學會信念的力量，它能夠激勵我們勇敢地面對生活的挑戰，並追尋自己的夢想。因為信念創造實相，只要擁有堅定的信念，任何困難好像都能迎刃而解。

　　在助產師們的專業技能與細心呵護之下，整個生產過程既順利又溫馨。他們不僅給予物理上的支持，更給予精神上的鼓勵。他們的聲音彷彿是迴盪在房間中的無形力量，推動著

Chelsea 向前邁進。「我看到 Micaela 的頭了！」我含著眼淚興奮地大叫著，終於在 Chelsea、四億哥和助產師共同努力下，小小的生命即將出現在眼前！助產師請 Chelsea 摸著她的頭，並鼓勵她與 Micaela 一同努力，慢慢將她拉出來。我站在第一視角，手拿著攝影機，已經在顫抖。這不僅僅是激動，更是喜悅。在這一刻，我感受到了生命的奇蹟和愛的力量，房間外的家人們也開心地熱烈鼓掌，彷彿整個世界都在為這個新生命的到來而歡呼。

　　當 Chelsea 和助產師慢慢地將 Micaela 接引出來的那一刻，我的眼淚止不住地湧出來。僅僅不到 30 公分的距離看到一個生命被孕育出來的瞬間，那股力量是如此強大，眼淚不

自覺地一直流一直流。是喜悅和感動的淚水，那股情感的洶湧，我真的無法用言語來形容。

助產師抱著孩子，平穩地說：「繞頸兩圈喔。」然後不疾不徐地將臍帶繞開。下一秒，悅耳的生命哭聲就這樣降臨了。助產師將孩子放到 Chelsea 的懷裡，讓母親和孩子繼續保持著連結。

Chelsea 和四億哥用感動、幸福又有點生疏的聲音呼喚著她：「嗨～Mica，歡迎妳來到我們家。」在水中，三個人的身軀擁抱在一起的模樣，真的太令人感動了。這不僅是一場生命的誕生，更是一段情感的凝聚，也是一份家庭的溫暖。

我的心又再次修復了

我彷彿進入了一場生命的奇妙旅程。感受到每一個生命都是獨一無二的，都值得被珍惜和尊重。我們應該珍惜每一個生命的瞬間，感恩身邊的每一個人，因為正是他們讓我們的生命變得更加豐富。「愛，是唯一的解決之道。」因為有了愛，才充滿了無盡的可能性，愛是無私的奉獻，是包容和理解，是無條件的支持。用愛來溫暖彼此的心靈，用感恩來回饋身邊的每一個人。是我經過這次的體驗之後，一直抱持的信念。

生產後，我好奇地詢問 Chelsea 對於溫柔水中生產的感受，想知道跟第一胎在醫院生產的差別在哪裡。她回答，最大的差別是她覺得自己和小孩都被受到了尊重。回想起第一胎在

醫院生產的經驗，她必須獨自面對，那種焦慮感是非常強烈的，甚至感覺自己就像一個病人，被護士和醫生指揮著，每一個動作都感受到壓力與不安，情緒也起伏不定。而醫院的環境冰冷沒有溫度，也非常不自在。

每一個決定都來自母親的信念

然而，這次的溫柔生產讓她感受到自己不是一個人在孤軍奮戰，助產團隊的細心關懷讓她感到非常安心，生產前、中、後都給了她極大的心靈支持。而且因為是在家裡生產，非常自在，不受任何限制，也不需要不斷移動。生產過程中，助產師的按摩也產生了舒緩的作用。小孩出生後，助產師們徒手清理了她體內殘留的血塊，完全沒有使用任何醫療設備或工

具，甚至沒有任何傷口或撕裂傷，也大大減緩了後期的痛苦。

我深深感受到了溫柔生產的重要性和價值。它不僅為孕婦提供了一種更溫馨、更人性化的生產方式，更給予了她們滿滿的尊重和關愛。這樣的生產環境不僅可以緩解孕婦的疼痛，還能夠降低心理壓力，為母子都打造了最健康和安穩的環境。

生產後，媽媽和寶寶依然身處在溫暖的水中，這是溫柔水中生產的獨特之處。相比於毛巾和衣服，寶寶接觸到的是水和父母的肌膚，這樣的接觸也能夠大大減少寶寶的恐懼感。所以在水中生產的寶寶，一來到這個世界上手是張開的，而不是握拳的，表示他們是非常放鬆舒服的狀態。這是因為，環境、聲音、氣味都是熟悉而安穩的，這種親密的接觸也有助於父母與孩子之間更深的連結。

Chelsea 也強烈建議，在寶寶出生後要持續給予母乳，她的兩個孩子都喝到至少兩歲，因此她們的抵抗力非常強大。母親的乳房提供了最天然的食物，不僅健康又營養，更能深化母子之間的情感聯繫。每一次寶寶的吸吮，都是一種深層的親子交流，這種肌膚接觸的連結感是獨一無二的，不僅僅只是營養的交換而已。

非凡的生命教育與料理挑戰

這段生產的經歷對我來說是一堂生命教育的課程，深刻體會到原來生命的誕生是如此地感動。雖然我還沒有體驗過做父母的感受，但我因此更加開始理解和感受到那份強大的愛。

看著寶寶來到這個世界，被溫柔地呵護，我明白了作為父母所擁有的那份無私奉獻。這段旅程不僅讓我感受到生命的脆弱與堅韌，更讓我體會到生命的價值。

月子餐對於產後媽媽來說非常重要，而注重健康養生的 Chelsea，想要好好地讓身體修復，她選擇了無鹽、無糖、無調味料的月子餐，這無疑是一個極具挑戰性的決定。這決定並非輕率，而是對自己身體的投資，一份對健康的承諾。面對產後的身體恢復，Chelsea 意識到了飲食對於健康的重要性，她希望身體能夠盡快恢復，還希望能夠找到一種更健康的生活方式。她更進一步挑戰自己，嘗試了無麩質的飲食方式，希望藉此幫助身體更好地修復。

這樣的決定並不容易，需要堅強的意志和不懈的努力。然而，正是由於 Chelsea 的堅持，身為要料理第三胎月子餐的我，也因此被啟發，開始深入研究無麩質飲食的好處以及如何開發出既美味又營養的料理。這場探索之旅並非只是為了追求健康，更是對生活的一種重新檢視和調整，我逐漸明白到美味與營養並非對立，而是可以透過用心研發和烹煮來兼顧的。無麩質飲食不僅能夠幫助身體更好地修復，還能夠帶來更多的料理樂趣和挑戰。我學會了如何用有限的食材或是替代品，製作出一樣豐富的風味和口感，探索過程充滿了驚喜和滿足。

信念創造實相

無麩質排毒飯

材料

糙米 1 杯
綠豆 40g
地瓜 1 條
鮮香菇 2 朵
羽衣甘藍 1 把
老薑 15g
黑芝麻 適量

調味料
橄欖油 5 大匙
亞麻籽油 適量
薑黃粉 2 小匙
黑胡椒粉 1 小匙
迷迭香粉 1 小匙
羅勒粉 1 小匙
百里香粉 1 小匙
月桂葉 2 片
鹽巴 1 小匙
水 1 杯

作法

1. 先將糙米、綠豆浸泡 2 小時左右。

2. 地瓜、鮮香菇切小丁，羽衣甘藍去掉粗梗並洗淨再切小段，老薑切末。

3. 準備炒鍋倒入一點橄欖油，先放入老薑、地瓜、鮮香菇小火煸香。

4. 再放入黑胡椒粉、薑黃粉、迷迭香粉、羅勒粉、百里香粉、月桂葉，小火炒香，接著放入泡好的糙米、綠豆一起翻炒均勻。

5. 炒好之後倒入電鍋內鍋，再倒入水，放入鹽巴，以外鍋 2 杯水蒸煮，跳起後再悶 10 分鐘。

6. 開蓋後放入羽衣甘藍攪拌均勻，用飯的熱度讓羽衣甘藍成半熟狀態，最後再撒上黑芝麻、淋上一點亞麻籽仁油就可以享用囉！

鹿比的小 tips

羽衣甘藍是被譽為營養密度第一的超級蔬菜，含有大量的抗氧化物、膳食纖維、葉黃素、β-胡蘿蔔素、維生素 K、維生素 C、葉酸等多樣營養，台灣目前有一些有機農場在種植，或是大型超市也都夠買得到！使用新鮮香草，排毒效果更好。這道料理建議現做並吃完，不要放隔夜重新加熱，營養會流失很多。

物以類聚的強大能量
無肉家人們

體貼想到你的需求，總是無私地分享一切，是無肉家人給這座城市的溫柔。在這個繁忙的都市中，我們往往忙於工作，忽略身邊的情感與共鳴。然而，每當我們走進無肉市集，一種截然不同的氛圍就會迎面而來。這裡不只是一個購物市集，更是一個情感交流和理念的聚集地，一個共同追求健康、環保和愛的地方。

待來者皆朋友的美好

每次與無肉市集的夥伴們聚在一起，總讓我們彷彿回到了家。這裡充滿了溫暖和歸屬感，就是一個大家庭，而每個人都是這個家庭的一部分。雖然我們來自不同的背景和領域，但彼此之間的支持和鼓勵讓我們感受到了一種無與倫比的凝聚力。

無肉的每一位都有自己的工作，但總是對待所有來者皆如朋友，人與人之間像說好一般，用真心澆灌彼此的內心。

在這個大家庭中，每個人都有自己的故事、有著自己的人生歷程，卻總是願意無私地分享自己的經驗和知識，當時我們還在創業的起步階段，面臨挑戰和困難時，時常受到無肉家人們的支持和鼓勵，這讓我們感到不再孤單，更加有信心和勇氣面對任何困難。這種彼此之間的連結不僅僅是在物質上的支持，更是在精神上的共鳴。像是建立起了一種無聲的連結，是心靈上的共振，讓我們能夠更深地理解彼此，共同努力，共同成長。

至今，我們與無肉市集的夥伴們已經是一種超越家人般的親密關係。

價值觀和理念甚至比真正的家人還要更相近。每次大家聚在一起時，每個人都是沒有包袱的樣貌，真實地展現自己，非常放鬆自在，無須隱藏或偽裝，坦誠地分享自己的想法和感受，彼此之間沒有距離感，就像是一群老朋友般地自在相處。

而這種親密的關係不僅僅是依著共同的價值觀和目標，更是依著彼此的信任和尊重。無論是在生活還是工作上，我們都能夠相互依靠，共同面對任何困難和挑戰，那是一份超越語言的安全感。

能在人生中遇到這樣的緣分真的很不可思議，我彷彿找到真正的歸屬感和溫暖，每個人都像是我的兄弟姊妹般，可以共同分享喜悅和悲傷，共同度過生活中的每一個時刻，真的大大撫平了身為獨生女的孤獨感。

為愛出發的共好之路

我們一起探索健康飲食的美好、一起努力保護環境和動物、一起感受生活的幸福與感動、一起享受假日的充實、一起參加各種活動、一起分享生活的點滴。我們會一起品味美食，一起讚嘆大自然，一起挑戰各種極限，每一次相聚，都是一次心靈的洗禮和療癒。我們不僅僅是共同追求商業成功，更是一起追求心靈的滿足和生活的意義。

這樣的相處就像是韓式拌飯中的各種食材，有各自獨特的味道和需要個別料理一樣，無肉家人們也各自擁有獨特的個性和豐富經歷，卻能彼此融合，組成一個特別的團隊，而這種

融合就像是調和韓式拌飯所需的各種食材和調味料一樣，彼此結合才能展現出最完美的狀態。

　　每個人在團隊中都扮演著不可或缺的角色，就像拌飯中的每份材料都為整體呈現出獨特的價值和貢獻。如果缺少了其中一種食材，味道就會顯得不完整，必須透過融合各種食材和調味料，才能展現出最完美的狀態。彼此之間的互動和合作，也讓我們的情感更加深厚，信任更加堅固，生活變得更加豐富多彩。

一起讓世界看見蔬食的美好

　　也許聽起來很天方夜譚，但我們認真覺得，大家很像是拯救世界的英雄，我們不斷在推廣素食的道路上前進，雖然各種擔憂和難過還是會隨之而來，像是對未來生活的種種不確定，甚至是日常的基本問題，如水源、食物和能源的供應。但是，這些擔憂並沒有讓我們停下腳步，反而讓我們更堅定了推廣素食的信念。

　　現在，因為有這些可愛的無肉家人們，帶領著我們一起打拚，因為擁有同樣的信念，都在看似天真的拯救地球路上傻傻地一直做。我們期盼著那個美好的未來有一天能夠實現。或許這也是出於自私，希望未來能夠繼續欣賞地球的美景、品嘗美食，並和無肉的夥伴們一起創造更多回憶。

　　讓我們繼續一起拯救地球吧！我相信傻人會有傻福的！我們會再繼續創造跟釋放更大的能量，集結更多有影響力的人，讓全世界看到蔬食有多麼重要！

一群傻子好朋友

韓式拌飯

材料

黃豆芽 50g
菠菜 1 把
紅蘿蔔 半條
豆腐 半塊
黃甜椒 半顆
櫛瓜 半條
香菇 4 朵
木耳 2 朵
白芝麻 適量
五穀飯 2 碗

調味料
韓式辣椒醬 2 大匙
（詳見 p.235）
醬油 適量
香油 2 大匙
鹽巴 適量

作法

1. 紅蘿蔔、櫛瓜、黃甜椒、香菇、木耳、豆腐都切成細條。菠菜切成小段，黃豆芽洗淨備用。

2. 準備一個平底鍋倒入一點植物油，把每樣蔬菜分別炒熟，加入適量的鹽巴、醬油。

3. 碗裡裝入五穀飯，整齊地放入炒好的蔬菜們，淋上香油，中間放上韓式辣椒醬，最後撒上白芝麻，就可以享用啦！

鹿比的小 tips

這道料理還可以放入自己喜歡的蔬菜，開吃前記得要攪拌均勻喔！！

低潮時遇見的心靈富足
～慧屏法師～

全台灣最大的佛教道場——佛光山佛陀紀念館，是一個著名的佛教聖地，這裡有悠久的佛教文化底蘊，每天都有來自世界各地的信徒和遊客前來參訪，然而，佛光山不僅僅是一個宗教場所，更是一個人們尋找內心寧靜與淨化的場所。

因為一次無肉市集與佛光山的聯合活動，讓我們與佛光山結下了非常深厚的緣分，沒有宗教信仰的我們，一開始對前往佛光山並沒有太大的感受，只覺得是一個宗教場所，似乎與我們沒有直接關聯，而作為無肉市集的廠商，為了預備隔天的市集，我們在前一晚就出發來到了佛光山。

感受到前所未有的寧靜與喜悅

清晨，我們在佛光山的宿舍中醒來，四周彷彿被一圈晨曦染成金色，微風拂過，環繞著蟲鳴鳥叫，像是大自然的樂章在迎接我們。踏出房門時，溫暖的陽光灑在通往廣場的道路上，我站在通往大雄寶殿的台階上，緊閉雙眼，用心感受這一刻的美好，在那短暫閉目的時刻，我感受到了光線穿透雙眼，直達靈魂，一股溫柔、寧靜和喜悅湧上心頭，當我再次睜開雙眼時，眼角卻溼潤了，那一瞬間，我好像置身於不同的世界，內心被一股無法言喻的平靜所包裹，彷彿是回到了內心深處，感受到自我與宇宙的連結，這種感覺前所未有，難以用言語來描述，只能當下用心去感受。

在聽完了無肉市集的講座後，我們開始忙碌地準備市集擺攤，炎熱的天氣讓空氣中瀰漫著一種緊張和焦躁

的氛圍，但即使是熾熱的陽光也無法擾亂我內心的平靜，當客人因為排隊而情緒激動時，我只感受到心如止水的從容，並順利完成任務。市集結束前與無肉夥伴、廠商以及法師們一起合照，我們彼此表達著感謝之情，心中充滿著愛與感激。

最後，在與法師們的互動中，我們對法師們有了更深刻的理解，特別是曾跟隨在星雲大師身邊學習的慧屏法師，妙語如珠，他以生動精闢的言語，向我們解釋星雲大師對信徒的關愛，以及大師的理念傳承。

低潮的我們，被一句話療癒了

當時慧屏法師分享了一個故事，讓我們深受觸動。他說在某個場合，星雲大師準備開示之前，向信眾介紹身邊的長老和侍者們，那時慧屏法師自認資淺，站在大師身旁，不知道大師會如何介紹自己，一股強烈的緊張感油然而生。然而，大師這麼說慧屏法師：「慧屏自小在佛門長大，剛大學畢業，幫忙推輪椅，如果沒有他，我哪裡都去不了。」大師這句話至今都深深影響著慧屏法師的心靈，不僅增加了他的信心，也讓他更加了解，事情不分大小，盡好自己本分，無雜念地做好當下每件事的重要性。

一位偉大的法師是如何以平等和慈悲的心去對待每一個人，不論是身分地位高低，都能得到大師同等的尊重和關愛。慧屏法師的開示，讓我們學習到，即使是一個微小的貢獻，也可能對他人產生巨大的影響。

聊著聊著，當時正處於在創業時

期，也是我心理疾病最嚴重的階段，慧屏法師似乎能洞察我們眼中的疲憊，開始訴說關於人間佛法的道理，不知為何我的眼淚瞬間湧出，止不住地流淌下來，這不是悲傷，而是感動、是對生命的感慨和喜悅、對當下美好的感恩，眼淚落下的同時，內心卻是如此的激動，生起從未感受過的法喜充滿，彷彿一直以來被那繁雜如烏雲遮蔽的心靈，當下迎來了真正的釋放，過往的自卑、害怕和逃避，就像薄霧一般，輕輕地被風吹散了，那一刻，我真正有了呼吸的感覺。

我們，會常常回來的

很感謝能夠參與無肉市集和佛光山的推廣素食活動，讓我體驗到了前所未有的感受，這裡是一個寧靜的庇護所，更是一座充滿智慧與愛的寶藏山，或許這裡就是我曾經的家，讓我從平凡的生活中，找到了真正的自我和內心的歸屬。

在我們離開時，法師們溫柔地微笑說 ：「要常常回山走走喔。」這句話至今仍在我腦海中迴盪，像是對我們內心的一種呼喚和引導，佛光山真的是心靈充電的好地方，每一次回來都能重新找回原本的自信、喜樂和創造力，用嶄新的視野看待每件事情，積極參與世界給予我們的機會，並展現我們獨一無二的才華和魅力。

有空的時候，回山走走吧，感受那份神聖與寧靜，讓心靈在這片淨土上得到真正的棲息與滋養。

糖醋豆包

材料

嫩豆包 4 片
黃甜椒 半顆
紅甜椒 半顆
香菜 1 小把
白芝麻 適量

調味料
番茄醬 3 大匙
白醋 3 大匙
糖 2 大匙
鹽巴 1 小匙
水 150ml
醬油 2 大匙

作法

1. 將每片豆包切成四等分的方塊，黃甜椒、紅甜椒切小塊，香菜切末。
2. 再調製醬汁，取小碗倒入番茄醬、白醋、糖、鹽巴、水拌勻備用。
3. 準備一個炒鍋倒入適量植物油，放入豆包，每一面都煎到酥脆。
4. 煎好之後從鍋邊倒入醬油，並稍微翻炒，讓豆包先吸收醬香後取出。
5. 原鍋倒入攪拌好的糖醋醬，煮至滾沸冒大泡，放豆包、紅甜椒、黃甜椒，快速翻炒均勻裹上糖醋醬，即可盛盤。
6. 最後上面撒上香菜、白芝麻，就可以享用啦！

鹿比的小 tips

豆包一定要煎到非常酥脆，在鍋子裡搖晃可以聽到「刷～刷～刷～」的聲音，記得醬汁要煮到大滾才可以放入豆包，並且快速拌炒！如果豆包停留在醬汁裡太久，就不會有酥脆的口感了。

當佛法遇見料理
～慧專法師～

　　在佛門中，料理不僅僅是滿足生理需求的工具，更是一種修行的方式，星雲大師也曾分享過，料理與修行的關連，首先得放下「我執」。

　　「會煮菜的人不會用太多材料掩飾自己的不足。」學習料理需要放下自我，理解食材的特性，考慮到對方的需求，而不是簡單地追求自己的口味和喜好，只有將心意融入到料理中，讓對方能夠感受到其中的真誠和慈悲，才能做出上好的料理。越簡單的料理越困難，因為沒有過多的調味

料，就需要有耐心的烹調方式，讓每個食材發揮它的長處，尤其是家常菜，糖醋豆包跟櫻花蝦絲瓜，只要用簡單的食材，也能創造美味，這就是料理的最高境界。

那次佛光山的旅程中，我們有幸結識了慧專法師，一位對烹飪有著非凡技藝的出家人，甚至曾為星雲大師料理三餐，這次相遇讓我深刻領悟到，食物對於修行者的重要性，以及料理本身所蘊含的修行之道。

煮粥，也是一種修行

一道看似普通的筍粥，慧專法師卻可以煮得比肉食還要好吃，整體的鮮甜、濃郁度、米粒的綿密口感等等，一口就可以讓你為之驚豔，慧專法師說：「人生其實就像煮一碗粥，需要不斷地磨練與體悟。」他的粥曾經被星雲大師退過七次，但也因此從中學會了人生的道理：「生活需要細火慢燉，要被熬得住、耐得了。」裡面有好多好多的學問，都是在煮粥的過程中體悟出來的。

慧專法師的話語充滿智慧和溫暖，他曾說：「正如煮粥需要適時地調整火力，生活中也常常需要我們隨機應變，應變不同的情況。」在當下專注地看待自己的情境，並及時做出調整，這種修行的態度，同樣適用於我們在生活中需要隨時調整心態和應對進退，這也解釋了「人間佛教」的道理，在日常生活中實踐佛法，透過對待生活中的細節，我們培養慈悲心和智慧，修行並不局限於寺廟和靜坐禪修，而是要在生活的每一個瞬間都

能夠保持心境的平和與善良，這才是真正的修行之道。

許多人常開玩笑說，用愛煮出來的料理會特別美味，但這並非純屬玩笑，而是事實，當你在烹飪時，細心關注食材的變化至關重要，只有如此才能烹調出美味的料理。正如英國知名廚師傑米・奧利佛（Jamie Oliver）在《Jamie's Dinners》書中所言：「在烹飪時，時令食材始終是最佳選擇。」對食材的重視，以及對於食物天然風味的尊重，正是烹飪過程中的關鍵。

簡單，其實不簡單

會選擇糖醋豆包和櫻花蝦絲瓜這兩道菜，就是因為深刻地體會到了法師所說的「越簡單的料理越困難」這句話的含義。這兩道菜看似簡單，但其中的精髓卻需要用心體會和修練。

首先，糖醋豆包這道菜的製作步驟看似簡單，但要讓豆包入味、外酥內軟，需要恰到好處的火候和手法。在調製糖醋醬時，需要掌握好醋、糖、醬油等材料的比例，使得味道酸甜適中，不偏不倚。而煎豆包的過程更是需要細心和耐心，火太大容易燒焦，火太小則無法達到外酥內軟的效果。在過程中，完全可以深深感受到對火候的掌握和手法的細緻要求，這需要不斷的練習才能夠掌握得當。

接著，櫻花蝦絲瓜是一道清淡可口的家常菜，看似非常簡單，但在處理食材的過程中，我不僅要將絲瓜切得均勻美觀，熟成的時間才會一致，還要注意火候的掌握，使得食材保持

鮮嫩而不失口感，櫻花蝦的部分使用金針菇來代替蝦子的鮮味，紅蘿蔔則是賦予它橘紅色的色澤，在煉油的過程中，不僅需要耐心，還需要火候的掌控，不然難將金針菇的鮮味煸出來，或是直接燒焦。這種將心意融入料理的心理過程，讓我更加珍惜每一次的烹飪時刻。

驚豔於法師對食物的尊重與熱愛

我們曾有幸連續三天品嘗到慧專法師的手藝，每天三餐有如宴客般那樣豐盛，因為對慧專法師的料理手法深感好奇，讓我自告奮勇地前往廚房幫忙。當時已是半夜十二點鐘，慧專法師捲起衣袖，正在手工製作純素荷包蛋，看著他那種對食物的呵護，以及他細心又專注的神情，感動油然而生，廚房裡彷彿有一股神聖的氛圍籠罩著，慧專法師的手法熟練而優雅，每一個動作都充滿了對食材的尊重和對料理的熱愛，他不僅注重食材的品質，更注重料理的過程，不辭辛苦，在深夜仍全心投入到料理的工作中，為的就是讓我們嘗到最美味的素食料理，每一個動作都充滿了對食物的愛護和珍惜。

慧專法師是料理人，更是一位有智慧的修行者，原來食物不僅是為了填飽肚子，更是一種與他人連結、表達心意和慈悲的方式，學習料理，不只是滿足自己的口腹之慾，也是一種修行與涵養心靈的方式。

材料 ────·

絲瓜 1 條
金針菇 1 包
紅蘿蔔 半條

調味料
鹽巴 1 小匙
米酒 80g（可省略）

作法 ──────────────────────·

1. 絲瓜洗淨去皮切片，紅蘿蔔去皮磨成泥。金針菇切小段。
2. 準備一個炒鍋倒入適量植物油，放入金針菇小火煸至金黃，再放入紅蘿蔔泥煸至金黃酥脆。
3. 將金針菇瀝出備用，並把油倒回鍋中，放入絲瓜翻炒至出水。
4. 加入米酒、鹽巴，大火煮滾至稍微收汁，就可以起鍋盛盤啦！
5. 最後再放上煸好的金針菇，就可以享用啦！

鹿比的小 tips

絲瓜可以切成約 2 公分的厚度，吃起來比較有口感。
煸金針菇一定要小火，讓菇的鮮味慢慢釋放在油當中，
最後搭配絲瓜一起吃就可以創造出櫻花蝦的風味。

沒有傘的孩子，才會用力奔跑
~靖傑~

受到粉絲的推薦，我們來到位在苗栗頭屋交流道附近，一家以客家素食料理聞名的餐廳：禪廚。聽說每天座無虛席，我們滿心期待準備品嘗美食。沒想到打動我們的，還有餐廳老闆靖傑的故事。

禪廚藏在都市喧囂的角落裡，一處彷彿是城市別院中的祕密花園。走進餐廳，我們被靖傑熱情的招待感染，感受到有如回家一般的溫馨。坐下後，我們開始了一場毫無距離感的對話，從生活瑣事聊到夢想追求，就像久別重逢的好友。我們發現在這裡，美食不僅是味覺的享受，更是心靈的慰藉。每一道菜背後都有著靖傑的用心與溫暖，把對每一位客人的關懷和呵護都放進料理中。這裡不僅是一個用餐場所，就連他對待員工的方式，都能讓人感受到如家般的溫暖和慈愛。

生活的舒適與使命之間的吶喊

靖傑，成長於一個吃素的家庭，是一位職業軍人。當時的他原本打算

服役二十年後退伍，領取終身俸。然而，他發現地球環境日趨惡化，內心也不斷有個聲音告訴他，必須推素！所以他心生一念，決定提前退伍，回到家鄉苗栗經營蔬食餐廳。當年，他只差五年便能領取完整的退伍金，這個決定讓許多部隊同袍都覺得他瘋了！放棄穩定的退伍金，實在是不可思議。然而，對靖傑而言，這個決定卻是意義非凡的。他深信，這樣能更早投入對改善地球環境的行動之中。

勇於捨棄才能更專注地生活

靖傑經常思考如何將經營餐廳的理念融入生活中，他堅信以愛出發、用心感受，這個世界定會變得更美好。因此，在開餐廳前，就將所有在軍中得到的積蓄，拿去捐贈一輛高頂

的救護車給苗栗縣政府消防局。

　　「我要當一個沒有傘才會奔跑的孩子。」他誠懇地說著。他覺得身上沒有足夠的金錢，才會更努力向前邁進。餐廳還聘請了身心障礙者，除了給予工作機會也給予支持，也積極參與各種公益活動，甚至成為義消，即便在餐廳忙碌期間，只要接到緊急出動的電話，就會立刻在餐廳換上裝備，前往救災。因為他深信，行善要與眾人共勉，每個小小善舉都能積少成多，共同創造一個更有愛的社會。

　　有一天，靖傑騎著摩托車在路上漫遊，享受著微風拂過臉龐的舒適。突然間，警笛聲嗡嗡作響，一輛高頂救護車從他身旁急馳而過，一股緊迫的氛圍籠罩了整個街道。他隨即發現，就是他所捐贈的那輛車，正匆忙地將病患送往醫院。然而，更令靖傑震撼的是，這輛救護車的目的地竟然是他祖父母在臨終前所待的醫院。面對這一切，眼淚浸溼了他的眼眶，停下車，靜靜地站在路邊，讓淚水流淌。那一刻，他感受到一股情感湧上心頭，難以言喻的喜悅和感動淹沒了他。這個意外的巧合讓他的內心瞬間被觸動了，腦海裡浮現出無數個場景，許多人因為這輛救護車而得到了及時的救助，他們的生命得以延續，家人的痛苦也得到了緩解。

推素的成就感勝於一切

　　一個曾經在軍中奮戰的男人，卻因為對蔬食的熱愛而決定轉行經營一家蔬食餐廳，這就是靖傑。他認為，推廣素食是一件更正確且有意義的事

情，甚至超越了在軍中得到的一切成就感。

這幾年裡，他結識了許多不同背景的顧客，有些人出於宗教慈悲，有些人為了地球的環保，有些人則是為了愛護動物，還有些人是出於對身體健康的關心。這些愛與信念讓他更加堅定地走在推廣素食的道路上。用「以愛出發、用心感受，這個世界定會變得更美好」為餐廳理念，不僅將美味的蔬食帶給大家，更將對大地、對生命的愛融入進每一道菜餚中，也因此餐廳在當地聲名大噪，吸引了越來越多來自各地的顧客。

菜單上的生菜蝦鬆就是我很愛的一道料理，每一口都有不同口感，再搭配技藝高超的炒工，整個餡料都充滿了鍋氣，生菜的清爽與蝦鬆的香氣相得益彰，用蒟蒻代替蝦肉的口感，再配上杏鮑菇的鮮味，一口咬下，在口中開啟了一場味覺的盛宴，令人完全沉浸其中。而我因為想讓整道菜更加健康，所以多加一些營養的蔬菜，讓整個餡料不僅鮮味十足，口感也更加豐富。

與靖傑相識的這幾年，因為他跟小野一樣處女座相似的個性跟價值觀，一樣熱愛分享生活（多話），所以我們越走越近，也已經成為生活中不可或缺的朋友。每當我們需要幫助時，他總是第一時間出現，給予最及時、最有效的支援，是一個值得尊重、信賴的朋友。

和人生一樣豐富的料理

生菜蝦鬆

材料

紅藜麥 30g
西洋芹 3 根
鮮香菇 2 朵
杏鮑菇 3 朵
老薑 15g
黃甜椒 1 顆
四季豆 10 根
綜合堅果 適量
生菜 1/3 顆

調味料
鹽麴 2 小匙
素蠔油 1 小匙
胡椒粉 1 小匙
水或米酒 100ml

作法

1. 紅藜麥放入鍋中，內鍋倒 1 杯水，（水：紅藜麥＝1：1），以外鍋 1 杯水將紅藜麥煮熟。

2. 西洋芹、鮮香菇、杏鮑菇、四季豆、黃甜椒都切成小丁、老薑切成細末、堅果搗碎備用。

3. 生菜從梗部劃刀，並將葉片完整一片片剝開洗淨再放入冰水中冰鎮。

4. 準備一個炒鍋倒入一點植物油，放入薑末、杏鮑菇丁、鮮香菇丁，煸至金黃。

5. 再放入芹菜、四季豆一起炒香。

6. 加入鹽麴、素蠔油、胡椒粉，炒出醬香。

7. 倒入水或米酒，煮到收汁。

8. 接著放入黃甜椒、紅藜麥一起大火快炒。素蝦鬆就完成啦！

9. 最後擺盤，在每片生菜上放上適量炒好的素蝦鬆再撒上堅果碎，就可以享用啦！

鹿比的小 tips

鹽麴跟煸過的菇類能製造出如同蝦子的鮮味，所以改用任何菇類都可以唷！

料理的發明家
～ Rax& 溫尼～

Rax 的餐飲生涯從 17 歲開始，他在各種不同類型的餐廳工作，累積豐富的經驗和技能，Rax 的舌尖記憶中充滿了各種肉食風味，從燒肉店的烤肉香氣、拉麵店的湯頭滋味，再到法式餐廳的精緻擺盤。

直到一個名叫溫尼的女孩出現，改變了他的一切。溫尼不僅是素食主義者，還是一位素食部落客，當 Rax 意外在蔬食餐廳遇見溫尼時，被她的甜美和獨立的魅力所吸引，兩人相識並成了情侶。然而，他們之間最大的

衝突就是飲食習慣，一個素食女孩遇上一個肉食男孩，這注定是一場挑戰，Rax 對肉食的熱愛與溫尼的素食信仰形成了明顯的對比，他們的用餐選擇成了每天的糾結點，有時候甚至還會引發爭執和不愉快。

但正是這種飲食觀念的衝突，促使了他們之間有更深層次的交流和理解。溫尼開始帶著 Rax 吃遍素食餐廳，雖然溫尼面對 Rax 廚師的刁鑽味蕾，壓力相對很大，但經過幾次的洗禮，Rax 開始對素食產生濃厚的興

趣，並思考如何研發出不一樣的素食料理，然而，在這個過程中，他也面臨著一個困難的抉擇，原本計畫開設一家葷素料理的餐廳，在愛情的感召下，他決定，只做純素食料理。

因為愛而吃素的美好故事

這對肉食廚師來說是個不容易的決定，但 Rax 深信這是正確的選擇，他笑著說：「我不可能開一間女朋友和她的家人都不能吃的餐廳吧！」於是這家餐廳便成了 Rax 詮釋愛情的方式，也成為了他對女友和其家人的尊重與愛的印記。在溫尼的啟發下，Rax 決定放下過去在葷食餐廳的經驗，轉型成為一位素食廚師。這個決定不僅意味著必須放下過去的慣性，更象徵著踏上了一段全新的料理旅程。他開始學習素食料理的技巧和知識，從蔬菜中去尋找能夠替代肉食風味的烹飪方法，投入了大量的時間和精力，不斷提升自己的料理水準，將

全部心思都投入到廚房裡，持續嘗試新的料理和配方，摸索著素食料理的無限可能性。有時，甚至會把自己關在廚房裡整整一個月，足不出戶，只為了研發出也能讓葷食者驚豔的素食料理。

這段旅程充滿挑戰和艱辛，但 Rax 從未放棄，在不斷嘗試和摸索中，他探索出一條屬於自己的烹飪之路。最終，努力得到了回報，成功在迪化街開了兩家素食餐廳，創造出一系列讓人讚不絕口的素食料理，包括那道令我們難忘的純素唐揚雞，深深地留在了我和小野的記憶中。因為轉素後，我們沒有想到還能品嘗到如此接近唐揚雞風味的素菜。身為也在研發仿葷食料理的我，對 Rax 背後研發過程產生無比的好奇，當我向 Rax 詢問，這些看似葷食的素食料理到底是如何被研發出來的呢？他的回答讓我對他的努力和智慧有了不同的理解。

以研究精神鑽研料理

Rax 解釋道，他的研發方式不僅僅是單純地模仿肉食料理，而是一種更加細膩的創作過程，比如唐揚雞，他會製作一個肉食的版本用來參照，接著再製作一個素食版本，利用各種素食食材和調味料，努力重現肉食版本的口感和風味。他會將這兩個版本進行比較，仔細檢視素食版本中還缺少的味道和特色，包括肉質的口感、調味料的層次，甚至是整體的外觀和風味，仔細思考如何調整配方和製作過程，使素食料理能夠達到甚至超越肉食版本的水準。

知名雜誌 Inc. 曾整理了美國名廚安東尼波登（Anthony Bourdain）的名言，其中提到：「如果沒有新的想法，成功就會變得過時。」這種研發方式需要耗費大量的時間和精力，但也正是這種不斷嘗試和改進的精神，讓他得以不斷挑戰自我，創造出與眾不同的素食料理，不僅僅是技術上的挑戰，更是一種對於料理藝術的堅持。每一道菜品都蘊藏著他對料理的熱情和對飲食文化的尊重，因為他希望能夠以不同的方式推廣素食文化，打破傳統的素食形象，將之塑造成一種全新的美食型態，不分葷食還是素食，都能讓人一口難忘。

能重現美味回憶的厲害大廚

以前在日本料理店吃飯的美好回憶，總是讓我心生懷念，一碗熱騰騰的湯咖哩與酥脆唐揚雞的完美搭配是我的固定套餐，濃郁的口感和風味，至今難以忘懷。所以當我在享用 Rax 製作的唐揚雞時，也喜歡配上他精心調製的咖哩飯，這不僅滿足味蕾的享受，更是對過去美好回憶的緬懷，一口唐揚雞搭配咖哩飯，都讓我彷彿穿越到了過去，重溫學生時期的記憶。

Rax 巧妙地利用過去在肉食餐廳所學的技能去創造，使他能夠在料理的道路上不斷前行、不斷突破，這種積極的態度不僅讓他在素食料理領域中脫穎而出，更為他帶來生活中意想不到的驚喜和機會。

復刻美好回憶
湯咖哩

材料

板豆腐 1 塊
紅蘿蔔 半條
南瓜 150g
老薑 10g

湯底調味料
鹽巴 1 小匙
咖哩粉 3 大匙
日式咖哩塊 半塊
醬油 1 大匙
水 600ml
燕麥奶 200ml

配料
杏鮑菇 1 朵
茄子 半條
南瓜 8~10 片
紅甜椒 半顆
秋葵 4~6 根
米飯 2 碗

板豆腐醃料
咖哩粉 2 小匙
鹽巴 ½ 小匙
植物奶 100ml

板豆腐裹粉
麵包粉 適量

作法

1. 將裝水的深盤放在板豆腐上大約 20 分鐘，把大部分的水分壓出來。

2. 板豆腐壓好後切薄片，並撒上板豆腐醃料，醃製大約 10 分鐘。

3. 將醃製好的板豆腐均勻裹上麵包粉，噴上植物油，放入氣炸鍋或烤箱中，用上下火 180 度烤 20 分鐘。

4. 杏鮑菇、紅甜椒、南瓜、茄子都切成片，老薑、紅蘿蔔、南瓜磨成泥。

5. 準備湯鍋，倒入一點植物油，放入老薑、紅蘿蔔、南瓜炒至金黃，再倒入醬油、咖哩粉、咖哩塊炒香，最後加入水、燕麥奶熬煮。

6. 咖哩熬煮過程中，準備平底鍋倒一點植物油，將配料杏鮑菇、紅甜椒、南瓜、茄子灑上一點鹽巴煎至金黃備用，秋葵用滾水燙熟備用。

7. 最後盛盤準備深碗，倒入湯咖哩，再放所有煎好的蔬菜，最後再放上烤好的板豆腐，就可以配上米飯一起享用啦！

鹿比的小 tips

咖哩粉不需要炒太久，並且要小火！發現咖哩粉跟油脂融合之後，就可以加入水跟燕麥奶了。

用葷食的角度創造素食奇蹟
～賓哥～

現今，人們對健康和環境的關注日益增加，植物性飲食已經成為一種新生活飲食的趨勢。其中有一家餐廳勇敢踏出了一步，將葷食餐廳轉型為一家蔬食餐廳。

賓哥，個性活潑熱情，一直對料理有著濃厚的興趣和熱情，在餐飲界打滾了二十幾年，累積了豐富的經驗和深厚的料理功底，一直以來，他都非常講究食材的新鮮和品質，他的兩家日式料理餐廳裡，生魚片和握壽司成了最受歡迎的招牌菜，許多饕客都慕名而來，只為了一嘗賓哥精心製作的料理。

轉素，來自內在的指引

然而，一次意外的佛光山之旅，改變了他原本習慣的一切。在這次旅程中，賓哥的內心受到了深深觸動，在佛陀的面前，他似乎聽到了內心的聲音，而那股聲音的力量，促使他做出重大的轉變：「要做素食。」

這個決定不僅讓賓哥的朋友和家人感到震驚，也讓餐廳員工和顧客都

很困惑。對於一個以美味的海鮮料理而聞名的廚師來說，轉向素食似乎是一個無法想像的選擇，但是賓哥堅信這是他內心深處的呼喚，一個改變他人生方向的重要決定。

從那天起，賓哥開始了一段充滿挑戰和探索的旅程，他將兩間葷食餐廳先交給店長管理，開始投入研究素食，為了做出跟葷食餐廳一模一樣的料理，他花費了大量的時間和精力，尋找替代品和創新的料理方式，以確保讓葷食者也能讚嘆不已，儘管面臨無數的困難和挑戰，賓哥的決心也從未動搖過。

於是，他的第一間蔬食日本料理，就這樣開始了。記得我們第一次走進餐廳時，賓哥和他的夥伴們超級熱情地招待我們。坐在吧台上，看著他們以一種調皮可愛的方式介紹每一道菜色，甚至用問答的方式與客人互動，完全感受到了賓哥和他團隊的用心，幽默感和活潑的表演不僅令人印象深刻，更是讓餐廳充滿了歡笑聲，這種熱情活力，成了賓哥的餐廳最迷人的地方，也成了客人們經常提起的美好回憶。

魔術般的食材展演，成餐廳招牌

我跟小野以前都是海鮮的狂熱者，甚至可以不吃肉，但一定要吃海鮮，而賓哥費盡心思所研發出來的料理，每一道菜幾乎都深刻還原了海鮮

的色香味，讓人彷彿置身於日本的海鮮餐廳。就連普通的杏鮑菇，賓哥也投入了大量的心血，不僅要花費時間處理，每一面都要切滿一百二十刀，更要將其放入海帶芽高湯中浸泡三個星期，在浸泡期間，還要反覆地拿出來熬煮，以達到神似干貝的外觀、風味和口感。

若以私廚而言，這樣細緻講究的烹調方式是必須的，因為他們可以根據客戶的需求和口味進行客製，並且價格也相對較高。但對於一個餐廳來說，這樣的操作可能顯得有些不合理，甚至有些浪費，畢竟這不僅需要大量的人力和時間成本，還需要相應的物料成本，但賓哥並不在乎，他只是希望能夠將最美味的素食料理呈現給客人。對他來說，每一道菜背後所付出的用心都是值得的。儘管這樣的做法有些奢侈，但正是這份堅持，讓賓哥的餐廳與眾不同，成為了眾人仰慕的焦點，因此，讓他在素食餐飲界再次取得了一席之地。

許多從未接觸素食飲食的人都慕名而來，想要體驗猶如魔術表演的食材秀，在賓哥的餐廳裡，每一道菜都像是一場神奇的魔術，總是讓你猜不到究竟是用什麼食材變出來的。因此，當我嘗試做乾煸魷魚絲時，腦袋中第一個浮現的就是賓哥，我也嘗試研發用蔬食去呈現出海鮮的風味，就像賓哥一樣。他用創新的方式將素食料理提升到了新境界，讓人們不再認為素食只是單調的蔬菜堆疊，而是一種充滿驚喜和美味的飲食呈現，更開啟了許多人對素食新的認知。

將葷食餐廳轉型的挑戰

而就在今年又聽到令人振奮的消息，賓哥將其中一間葷食餐廳，直接轉型成素食餐廳，儘管他的葷食餐廳在市場上早已建立了良好的聲譽，但賓哥仍毅然決然地轉型，這是一個非常不容易的，但他希望透過自己的行動，激勵更多的人關注素食的重要性，同時也為地球的未來做出貢獻，雖然這個轉變不是一帆風順的，但賓哥深信這是他人生中最正確的選擇之一。

我好奇地問賓哥：「難到你不害怕嗎？不害怕員工的不理解，老顧客的離開？」他說：「我怕啊，當然怕，所以其實我是一步一步慢慢來的，早在第一間蔬食餐廳經營的第二年，我就已經開始想把葷食餐廳轉型

了，所以我先將葷食餐廳的所有醬料都先改成了素食的，想要透過盲測，測試客人是否吃得出來。沒想到，居然沒有一個客人反應，甚至覺得更好吃了。」藉此讓員工看見素食的可能性，也讓賓哥更有自信跟勇氣，繼續往前邁進。

然而，要將已經成功的葷食餐廳轉型為素食餐廳並不容易，需要面臨許多挑戰和困難，包括食材的替代、菜單重新設計以及顧客接受度等問題。幸運的是，賓哥所帶領的員工都願意留下來一起打拚，但許多顧客無法理解這個轉變，反應非常激烈，有人在餐廳裡情緒失控、拍桌怒罵，甚至還有人直言：「你們一定做不久就會倒了！」讓餐廳氛圍降到到冰點。

儘管如此，賓哥並沒有因此退

縮，他堅信這樣的改變是正確的，因為他已經擁有第一間蔬食餐廳的成功經驗，這讓他有了足夠的勇氣去堅持理想，他知道，要想實現一個大膽的改變，必須要有堅定的信念和毅力，並且要勇於面對挑戰。

給予團隊榮耀，打造餐飲新高度

賓哥也讓他的員工們投入研發工作中，讓他們也漸漸發現研發素食的樂趣。過程中，員工們開始會一起討論食材的搭配和運用，共同探索創新的料理方式，這種合作和交流不僅讓他們更加了解素食料理的精髓，也激發出不一樣的火花，他們的創意最終成功研發出一系列令人驚豔的素食料理。只要研發出來的菜色通過大家的味蕾檢驗，賓哥就會毫不猶豫地將它

們放上菜單，這種即時的回饋不僅讓團隊更有動力，也是他們成就感的來源，而這是金錢無法取代的，這個過程中，不僅學到了新的技能和知識，還建立了更緊密的團隊合作關係，這對於餐廳的發展是非常重要的。

賓哥的堅持和領導力不僅使他的餐廳成功轉型，還激勵了整個團隊一起追求共同目標，將素食料理推向新的高度，同時也為餐飲界注入新的活力，賓哥的餐廳成為了一個團隊合作和共享成果的典範，也是一個激勵人心的成功故事。

打造素食新視野

乾煸魷魚絲

材料

杏鮑菇 5 朵
老薑 10g
辣椒 1 條
白芝麻 適量
花椒 5g

調味料
醬油 1 大匙
醬油膏 1 大匙
亞麻籽油 1 大匙
孜然粉 適量

作法

1. 杏鮑菇用手剝成細條，大約 1~1.5 公分寬，老薑切細絲，辣椒切斜片。
2. 準備一鍋滾水，放入杏鮑菇煮約 3 分鐘，取出之後沖冷水並把水分擠乾。
3. 準備一個炒鍋倒入適量植物油，放入花椒小火煸香後取出。
4. 接著放入薑絲、杏鮑菇煸到焦黃。
5. 倒入醬油、醬油膏、辣椒、煸過的花椒炒香。
6. 關火，撒上孜然粉、白芝麻、亞麻籽油拌炒均勻，就可以起鍋享用囉！

鹿比的小 tips

杏鮑菇一定要用滾水煮過並且用油煸到焦黃乾扁，才不會有很多人不喜歡的菇腥味，而且這道菜可以熱吃，也可以冷吃，一次多做一點可以放在冷藏當小菜唷！

三星主廚的日式職人精神
~ Hugo ~

在這個充滿競爭和壓力的時代，許多人不斷追尋自己存在的意義，而對於曾經受過日本職人教育的廚師 Hugo 來說，這樣的追尋，早已成為他生命中不可或缺的一部分。

Hugo 的餐廳位於台中一個不起眼的小巷裡，旁邊座落著大多數人可能會在意的殯儀館，一個餐飲業在尋找店址，大多不會考慮的位置。但這不但沒有影響到他的決定，營運的結果更超出大家的預期。他說：「我就是要打破大家的偏見，當你的料理足夠好吃，開在哪裡並沒有差別。」

我們有幸品嘗過許多蔬食餐廳，但可以毫不猶豫地說，Hugo 的餐廳是目前在台灣令我們最難以忘懷的。當我不想下廚的時候，他就會是我們的最優先選擇，雖然不一定訂得到位子。他的料理不僅味道出眾，而且每一道菜都吃得出他身為料理職人的要求，每每聽到他在料理過程所下的功夫與細節處理，那是絲毫無法再多評論的境界，Hugo 料理的好並不全然在於口味，而是當他在介紹時，那閃

閃發光的眼神！所以我們主觀地愛著這樣的投入，至於口味的評價，就由大家來親身體驗。

　　我跟小野對他的料理深深著迷，也不禁對他產生了濃厚的興趣，究竟是什麼樣的人能夠創造出如此美味的素食料理？進一步交流後，更讓我們與 Hugo 建立起一段深厚的友誼，他的性格真誠，總是坦率地表達自己的想法和感受，我想這也是我們會如此契合的主要原因吧！

瘋子般的投入與堅持

　　每次享用完 Hugo 的料理，內心都會無法克制地湧現出讚嘆：「你真的是瘋子，更是神經病！」這是身為好朋友，對他極致追求完美的敬佩和讚美，你能相信嗎？他連豆腐都是自

己做的！想像一下，每天待在廚房，下班回到家已經是午夜十二點甚至一點，然而，每天凌晨四點，他就要起床開始做豆腐了。這樣的堅持和毅力，實在令人欽佩。不僅是做豆腐，所有醬料、湯頭，甚至連酸白菜，都是自己親手培養菌種醃製而成的。

一問之下，才得知 Hugo 背後的故事原來如此驚人。年輕時，他曾受過日本職人的教導，這段經歷塑造了他，最終擁有今日三星主廚的榮耀。他訴說著那段時光，日本師傅上課時絕對不會說話，而是默默示範，讓學徒們仔細觀察師傅的每個動作，然後盡力模仿，而師傅只需一眼或一口，便能判斷是否達標，若不符合標準，師傅就會毫不猶豫地丟進廚餘桶，到了午餐時間，就會變成學徒們的午

餐。Hugo 整整吃了半年的「廚餘」。然而，他卻不以為苦，反而視為一種特殊的訓練，他們嘗試著去理解師傅的沉默，思索著如何才能知道自己的不足之處。最終他意識到，假如午餐時廚餘裡面沒有看到香菇，那就代表香菇他做對了，這個簡單而深刻的領悟，讓他對職人精神有了全新的理解，也讓我們完全體會到真正的職人不僅僅是技術上的追求，更是一種精神上的培養和磨練，Hugo 透過自己的經歷，向我們展示了什麼是對完美的追求。

完美，就是料理存在的意義

「當我的料理端出廚房，它就必須是完美的！」完全自學出身的鬼才廚師赫斯頓布魯門索（Heston

Blumenthal），在知名影音媒體IMDb 的一篇個人名言摘錄報導中曾說：「如果味道不好，就不會出現在菜單上。」對他們來說，完美主義不是負擔，而是刻在骨子裡的使命，也是自己存在的意義。

Hugo 曾問過師傅：「師傅，您因為將大多數時間投入在料理，而無形中，在個人的喜好與生活中都少了大多數人的精采，無法擁有一般人的快樂，您不曾後悔過嗎？」他的內心充滿了不安和疑問。他一直以來都在追求完美，但是他也懷疑這樣的追求是否值得，而師傅只是靜靜地凝視著他，眼神中充滿了溫暖和理解地說著：「不要忘記，你身為廚師，套上這件衣服就要有廚師的樣子，否則你就沒有資格穿上它！」師傅的聲

音平和而堅定，如同一線光明，穿透了 Hugo 心中的迷霧。從那刻起他明白了自己的使命，決心將料理做到極致，無論遇到什麼困難和挑戰，都會堅持不懈，永遠保持廚師的樣子，只有這樣，才能夠真正成為一名合格廚師，讓自己的存在更有意義。這也是為什麼當我問 Hugo，每天凌晨起來做豆腐不累嗎？不會想放棄嗎？他也總是淡淡地回我：「這是身為廚師『應該』做的。」

料理才是真的歸屬

然而，在現代社會中，競爭和壓力使得許多人迷失了自己的方向，不斷地追逐金錢和地位，Hugo 也不例外。每當他和朋友聚在一起時，他們討論著薪資、結婚和買房子，而他卻

永遠都在忙菜單，無法像一般人一樣過著正常生活。這種差異讓他感到格格不入，孤獨和沮喪籠罩著他，甚至開始懷疑自己的選擇。

　　他曾一度嘗試回到一般人的生活，放棄對料理的執著，然而，這樣的生活並沒有給他帶來真正的快樂，反而讓他更加茫然，甚至感到失落，無法找到自己存在的意義。他逐漸意識到，自己對料理的熱愛是無法改變的，即使這意味著要與社會主流價值相悖，可能會遇到困難和挑戰，但他不再害怕，因為他明白，自己存在的真正價值不在於追求社會的認可或是外在的物質、名利，而在於追求內心真正的喜悅和滿足。於是，他重回料理的世界中，追求自己的夢想，尋找屬於自己道路。

胃的飽足也是心的慰藉

　　「至今我都還記得我老媽做的燉菜，我相信總是會有一個味道，讓你想起一些事，或是一些人生片段。」對 Hugo 來說，料理不僅僅是一種烹飪技術，更是一種情感的表達和記憶的傳承，就像一首歌，他希望料理也可以譜成一首經典，在別人的心中留下一個深刻的記憶。Hugo 不只追求食物的美味，更希望能夠在每一道菜中融入自己的情感，讓每一位品嘗者都能感受到那份溫暖和感動。因此，他的目標並不只是讓饕客們吃到他的料理後拍手叫好，而是做好廚師該有的責任，端出完美的料理，讓每一位饕客在品嘗之後，臉上都帶著滿足的笑容，充滿幸福。

　　而 Hugo 做的青醬燉飯就是一道

讓我會想起人生片段的料理。記得以前會跟爸爸一起在家裡製作青醬，那是爸爸教會我的，可以運用九層塔來取代台灣不好購買的羅勒葉，他還會加入各式各樣的堅果來增添香氣，每次做出來的風味都讓我好喜歡。

而我國中二年級那年，爸爸因為血癌住進醫院，整整一年我的臉上沒有任何笑容，放學回家也總是躲到房間裡，媽媽必須醫院跟家裡兩點一線

地奔波，家裡只有我跟北上照顧我的外婆一起生活，當時的我甚至不知道爸爸得了什麼病，每天都像是沒有靈魂的軀殼，時常半夜睡不著覺，到客廳開著電視發呆，彷彿是想要有聲音陪伴著我，才能入睡，完全沒有意識到自己的心理狀態已經承受不了。當時腦袋時常浮現跟爸爸一起做的料理，有一次放學回家買了青醬的食材，自己做了青醬燉飯當晚餐。製作的過程中是那段期間最有意識自己正在生活的時候，一邊吃著青醬燉飯，眼淚終於流了下來，嚎啕大哭了一場，青醬燉飯都差點被眼淚淹沒了。

從那天之後，彷彿是爸爸的青醬燉飯給了我力量，讓我打起精神。很開心的是，爸爸戰勝了病魔，如今都還是身強體壯，可說是抗癌戰士！也

就是因為 Hugo 製作的青醬燉飯，每次入口的風味都千變萬化，就如同當時我的心情一樣，看似平靜，但內心早已百感交集，我想這就是 Hugo 所說的，希望他的料理能在別人的心中留下一個深刻的記憶吧！

追求完美的路，是孤獨的

Hugo 感嘆地說：「要走這條路要先能忍受孤獨！」這並不是一條容易走的路，在追求完美的過程中，你往往會發現自己孤獨地奮鬥，畢竟追求完美的道路上常常是孤身一人。

成為一位優秀的廚師，需要付出極大的努力和奉獻，需要花費大量的時間和精力來學習，不斷地嘗試和磨練，這意味著你可能會錯過許多和家人朋友共度的時光，獨自埋首於廚房之中，這種孤獨感可能會讓你感到壓力重重，甚至有時會心灰意冷。然而，正是因為這份孤獨奮鬥，塑造了一位真正的職人。在孤獨中，你會更加專注地投入到工作中，不斷追求完美。你會學會獨立思考，自己解決問題，這將使你更加堅韌。同時，孤獨也是一種磨練心志的過程。

Hugo 不僅是一位出色的廚師，還是一位丈夫和新手爸爸。他以自己的方式追求完美，身為一家之主，不僅要承擔家庭經濟，更需要展現出對家庭的愛和責任。對他而言，這才是真正的生活價值，金錢和物質不能代表一切，幸福，就是最大的財富。他的堅持和毅力將永遠激勵著我，讓我們更加明白什麼是真正的料理精神，並在其中找到屬於自己存在的意義。

職人美學完美呈現
青醬燉飯

材料 ————————·

白米 1 杯
燕麥奶 200ml
全素起司 適量
苜蓿芽 適量

青醬
九層塔 40g
羽衣甘藍 250g
綜合堅果 60g
味噌 1 大匙
營養酵母 2 大匙
橄欖油 300ml
檸檬 1 顆
鹽巴 1 小匙

調味料
鹽巴 適量
義式香料 適量

作法 ————————————————·

1. 將 1 杯白米洗淨後放入內鍋，加入 0.8 杯水。外鍋放入半杯水煮至米飯微硬。

2. 九層塔、羽衣甘藍洗淨後去掉粗梗，並用餐巾紙擦乾備用。

3. 準備一台調理機（果汁機、破壁機），放入九層塔、羽衣甘藍、綜合堅果、味噌、營養酵母、橄欖油、檸檬、鹽巴打成青醬備用。

4. 準備平底鍋，倒入青醬、燕麥奶、白飯拌勻，小火稍微熬煮至米飯中心剛好熟透。

5. 依個人口味加鹽巴、義式香料、全素起司攪拌均勻就可以起鍋盛盤，最後放上油漬番茄（詳見 p.219 ）、苜蓿芽，就可以享用啦！

鹿比的小 tips

九層塔跟羽衣甘藍洗淨之後，記得用餐巾紙把水分吸乾。青醬如果沒有用完，放入玻璃罐中，再倒一層橄欖油放入冷藏就可以保存久一點了。

穿越時空的溫暖力量
～小呂&溫蒂～

在這個嘈雜而匆忙的世界裡，有一股珍貴的力量，它超越了金錢、地位、甚至時間的束縛，那就是真摯的友誼。它如同清晨第一縷陽光，溫暖地照亮了我們生活的每一個角落。我曾經以為，友情只是青春的一抹淡淡記憶，卻沒想到它能夠穿越時空，甚至在我們的心中扎根，成為了我們生命中最美好的一部分。

我們的友情始於青澀的高中時期，那是我們生命中最純真、最美好的時光。我的同班同學小呂是當時我最要好的女性朋友，高中三年裡，我們幾乎形影不離，有時候，甚至不需要說太多的話語，彼此的默契就已足夠，一起成長、一起學習、一起面對挑戰，從那刻起，我們的命運就緊密地交織在一起，分享著青春的喜悅和煩惱，扶持著走過每一場風雨，每一個青春的歲月，不僅僅是在校園裡度過的時光，更是在成長的道路上互相陪伴的見證。

我們一起經歷了許多的起起伏伏，而這份友誼也漸漸地被時光淬鍊

成了更加堅韌、更加溫暖的存在。離開了高中的校園，我們開始面對各自的人生和生活，這也意味著我們必須面對友情的距離和分離。雖然我們依然保持著聯繫，但是無法像以前那樣隨時見面、共同分享生活的點滴。每一次的通話，每一次的短信，都成了彼此心靈的溝通橋梁，讓我們能夠了解對方的近況和想法。

能直視我內心的珍貴友誼

即使身處不同的城市，我們的友情仍然是牢不可破的。每當我們相聚時，彼此之間的溫暖和默契依然存在，就像是時光倒流，我們又回到了過去的那段美好時光。

我記得有一次，我正在認真地處理工作，而小呂卻眼眶含淚、靜靜地看著我。我嚇得急忙遞了衛生紙，問她發生什麼事了？她卻含淚笑著說：「沒什麼，我只是常常想到妳或看著妳，就覺得妳好像都把話藏在心裡，表面上看來沒事，但我知道妳心裡一定有事，所以覺得很難過，很想幫妳一起分擔。」

聽到這番話，我的心中泛起了漣漪。從小假裝堅強，讓我內心囤積了不少垃圾，但當我想要吐出來時，卻無法開口，彷彿所有的情感跟話語都凝固在喉嚨。這也是我還在學習的課題，而她的眼中的關切和愛護，讓我不禁鼻尖一酸，或許，有些事情無法言喻，但有一個人願意默默地陪伴著你，即使只是靜靜地注視著，也足以讓你感到溫暖和安慰。

友情與愛情，一直都相伴相守

在我們眼中，小呂彷彿是一朵溫婉的花朵，因其敏感的性情時常淚眼汪汪，她需要他人的呵護與關愛，因為我知道，她內心是很脆弱的，時常會被情感的波濤所攪動，需要一雙溫暖的手來撫平她那受傷的心靈，同時，也因內心深處的自卑，她更需要我們的支持和鼓勵，讓她感受到自己的價值和重要性。

就在我與小野在一起的同一年，小呂也找到了人生中最重要的伴侶，溫蒂，她是一位數理老師。對於這個消息，我一點也不感到意外，因為從以前就知道，不知如何與男生相處的小呂，很難找異性當另一半。當小呂開心地與我分享對象時，她眼中閃耀著幸福的光芒，我也由衷感到開心和

欣慰。溫蒂是一位活潑獨立堅強的女孩，她的存在就如同溫暖的陽光，照亮了小呂脆弱的心靈。就像小野一樣，溫蒂也是一個理性勝過感性的人，她的堅強和溫柔成為了小呂內心的寄託。她們相處的過程中，也經歷了一段時間的磨合期，現在彼此找到最舒適的相處方式，充滿了理解和包容，感情也變得更加深厚和堅固。她們是友情與愛情的交錯，彼此之間的陪伴和支持，像朋友又像情人。

在溫蒂的陪伴下，小呂逐漸了解如何去面對自己的情感，去表達自己的想法和感受。溫蒂不僅是她的戀人，更像是她的良師益友，教導著小呂如何去克服自卑，如何去勇敢地面對自己的內心世界，如何去尋找和實現自己的夢想，小呂也漸漸找回了自

實的個性和想法得以盡情展現，卻完全沒有任何爭執，反而讓我們感到很放鬆和自在，溝通順暢無阻。更令人感動的是，她們原本不吃素，卻因為我們的飲食習慣，漸漸地也改變了自己，成為了素食者，白菜滷就是她們第一次煮給我們吃的料理，白菜早已燉煮到軟爛，醬汁也完全被白菜所吸附，就像我們那段四人行的旅途中，每一個經歷都深深地融入彼此的生命中，連結更加深厚，不僅帶給我們美好的回憶，更加強我們之間的友情和信任。

信、找回了勇氣，找回了對生活的熱情和希望。

緣定相逢的心靈契約

　　因為彼此相同的價值觀和理念，我們四人一起出國旅行。旅途中，真

　　曾聽過一段話：「對的人，兜兜轉轉還是會相遇，錯的人，晃晃悠悠終會走散。我們這一生，不需要刻意去遇見誰，也不需要勉強留住誰。」擁有就是失去的開始，無論你怎麼不

捨、怎麼挽留、怎麼努力，都無濟於事，自然而然地活著，其實，人生中的一切，冥冥中都早有周密的安排。

人生舞台上，相互扶持不分開

如今，我們也將小呂跟溫蒂介紹給 Chelsea，她甚至第一次見到她們就覺得不陌生，很像是早已認識的朋友。曾聽有人說過：「只有很深很深的緣分，才能在同一條路上走了又走，同一個地方去了又去，同一個人見了又見。」而我們之所以聚集了這麼深的緣分，就是因為我們即將準備一起創造更大的夢，而且是集結所有的力量共同創造，因為大家內在都有同樣的光，自然而然就會被吸引，會因為使命受牽引去完成任務。而這一切需要時間，我們必須深深信任時間的力量，還有在時間裡應盡的努力。

在這個人生舞台上，每個人都有自己的角色，而我們彼此間的相遇與結合，就像是劇情的重要一環，我們的友情交織在一起，相互支持、相互鼓舞，共同走向未來的道路。在這個過程中，學會如何傾聽彼此的心聲，如何包容彼此的不足，如何相互激勵前行。在我們的心中，已經有了一個共同的目標與願望，那就是創造出屬於我們自己的輝煌。

這不會是一條平坦的道路，會有風風雨雨，會有坎坷和挫折，但只要齊心協力，共同努力，一定能夠戰勝一切困難，實現自己的理想。因為團結的力量是無窮的，只有團結一心，我們才能夠創造出更美好的明天。

疊加的滋味

白菜滷

材料

大白菜 半顆
乾香菇 6 ～ 7 朵
老薑 15g
紅蘿蔔 1/4 條
木耳 1 朵
油條 半條

調味料
香油 適量
豆腐乳 1 塊
鹽巴 2 小匙
白胡椒粉 1 小匙
水 + 香菇水
約 600cc(蓋過大白菜)

作法

1. 乾香菇泡水後，切成條。大白菜洗淨後，切成小段。紅蘿蔔、木耳，切成小片。老薑切絲。
2. 將油條對半切，放入氣炸鍋，以 120℃ 氣炸 15 分鐘變得硬脆，再將油條放入保鮮袋中打碎備用。
3. 準備炒鍋倒入一點植物油，放入老薑、乾香菇煸香。
4. 再放入紅蘿蔔、木耳、大白菜一起拌炒至白菜軟化。
5. 倒入水、香菇水，並加入鹽巴、白胡椒粉調味。稍微攪拌後，蓋鍋燉煮 10 分鐘。
6. 開蓋後，放入豆腐乳，並將豆腐乳攪至均勻化開，蓋鍋繼續燉滷 20 分鐘後可起鍋盛盤。
7. 最後撒上油條碎，淋上香油就可以享用囉！

鹿比的小 tips

每款豆腐乳的鹹度都不太一樣，建議先單獨試吃確認鹹度，再斟酌放入。油條部分也可以直接買老油條，不過買油條回家自己氣炸相對比較便宜！

如同孩子們的暖心陪伴
~阿呸、阿沙~

我跟小野的貓孩子們，Pepsi（阿呸）跟 Sarsi（阿沙），是我們生活中不可或缺的一部分。Pepsi 是哥哥，今年已經 14 歲了，相當於人類的 72 歲，而 Sarsi 是妹妹，年僅 3 歲，相當於人類的 28 歲，他們的貼心與撒嬌，就像孩子那般的天真。

Pepsi 是小野 20 歲時領養的貓咪，當時的牠只有 6 個月大，從那時起，Pepsi 就成為了小野生活中最親密的夥伴，因為個性實在太乖巧，所以從來也沒有讓小野操心過，這 14

年的歲月，他們之間的生活與情感早已密不可分，彼此總是相依相偎，分享著生活中的點滴。

然而，命運的捉弄讓我們經歷了一次驚心動魄的走失事件。當時我和小野剛同居不久，我們喜歡讓貓孩子在家是自由自在的，所以從來不會將牠們關起來，卻從沒想過，有一天，Pepsi 會從我們家頂樓的窗戶縫中溜出去。起初，我們並沒有注意到，以為牠只是跟日常一樣，躲在家裡的某個角落睡覺，但時間一久，不僅沒有

聽到牠的聲音，連探頭出來的身影都
完全沒見到……

失去的無力感，讓人身心俱疲

　　我們兩個同時從椅子上跳下來，
展開了一場彷彿在迷宮中尋找的旅
程，翻遍了整個家，尋找著 Pepsi 的
蹤影。我們不斷不斷呼喚著牠的名
字，卻始終沒有得到任何回應。焦慮
和不安開始籠罩在心頭。我們試圖用
各種方法找牠，緊緊抓住每一絲的可
能性，照著網路上關於尋找貓咪的都
市傳說去做，甚至跟外面的野貓說
話，希望牠們能夠告訴我們 Pepsi 的
下落。除此之外，也列印了尋找海
報，發布到各個社群媒體，希望能夠
引起更多人的關注和幫助。我們用盡
了一切可能的方法，卻仍然一無所

獲。那段時間，每一分每一秒都讓我
們心如刀割。Pepsi 對我們來說不僅
僅是一隻寵物，更像是我們家庭中的
一員，是我們生活中無法割捨的重要
存在。失去牠，就像是失去了一部分
的自己。

　　整整一夜，我們都在絕望中尋找
Pepsi 的蹤影，我和小野都已經心力
交瘁，彷彿已經走遍了整個城市。小
野淚流滿面地打電話給他的媽媽，傷
心地說 Pepsi 不見了，他不知道該怎
麼辦。那是我第一次看見小野哭，我
站在一旁，無助地看著他，無法用言
語來安慰，因為我自己也深陷在悲傷
之中。即使我和 Pepsi 相處的時間不
長，但一樣難過到心都揪在一起。凌
晨兩點，Pepsi 仍然沒有回來，我們
都筋疲力盡，眼淚與疲憊淹沒了我們

的希望。我們躺在床上抱著彼此鼓勵著，也相信 Pepsi 終究會平安回家，不放棄的希望，就算再渺茫，也總是會存在，即使當時身心俱疲，也仍然堅持著這樣的信念。

最後一刻，奇蹟發生

我們被 Pepsi 挖砂盆的聲音驚醒，小野激動又興奮地喊著：「老婆～老婆～ Pepsi 回來了！」我立刻跳起來，眼淚已經湧出，剛才為了不讓小野看到我的悲傷，我強忍著情緒，但此刻看到 Pepsi 平安回家，我已經無法控制自己，放聲痛哭，把情緒全部釋放出來。

當我準備要給 Pepsi 一個大大的擁抱的時候，發現牠全身都是尿味，猜測牠可能跑到了隔壁陽台，但因為有陌生人在，就一直躲著，無奈之下只好在那裡解決生理需要。儘管如此，牠終究還是記得回家的路，平安無事地回到了我們身邊。這段經歷至今都讓我們餘悸猶存、教訓深刻。也因此往後的日子我們都會仔細地做好防護措施，以免再發生一樣的錯誤。

寵物，讓我們明白生命的重要

對現在的我來說，動物是生命中很重要的一部分，是我們生活中不可或缺的家人。然而，每當我面對離別議題，這個無法逃避的現實時，心中總是充滿著無法言喻的無助感受。因為小時候爸媽給我看太多有關動物跟主人離別的電影，像《與狗狗的十個約定》、《忠犬小巴》等影片，都深刻體會到離別的痛苦和無奈，每次看

總是泣不成聲。或許是因為這些電影的影響，我從來沒有向父母要求養寵物，因為我知道自己一點不都想面對離別的痛苦。

直到因為小野而遇見了 Pepsi，牠的出現，帶給我很大的溫暖和陪伴，也讓我們的生活充滿了活力和樂趣，讓我更確信我是很愛動物的，經歷了走丟事件後，也讓我慢慢地告訴自己，生命中的離別是一個不可避免的過程，我應當學習。

在我們的成長過程中，無論是家中的寵物，還是在外面與野生動物相遇，都讓我們對生命和愛產生了更深層的體悟。與動物的相處，不僅僅是情感的交流，更是對於自然界的尊重和對生命的珍惜。然而，當我們不得不面對與這些動物的離別時，我們才

會真正意識到這種深刻的情感聯繫。而與動物的離別，是很多人一生必經的過程。牠讓我們更加珍惜生命中的每一份情感，更加懂得尊重和愛護生命。雖然離別總是令人傷感，但它同時也是一種成長和領悟。當我們學會接受離別，我們也同時學會了更加珍惜眼前的一切，讓生命充滿愛和溫暖。因此，我們可以用一顆感恩的心，去面對離別，用一份愛的情感，去記住每一段美好的回憶。

可愛妹妹的到來

隨著 Pepsi 的年齡越來越大，開始擔心牠的健康問題，除了定期帶牠健康檢查，我們也時常給自己做離別的心理建設，盡量學著用積極的心態來面對人人都會經歷的生死離別，告訴自己要珍惜眼前的時光。而也因為這些煩惱，我們也捨不得牠孤單，所以又領養了一隻貓咪，也就是妹妹 Sarsi（阿沙）。

Sarsi 的到來讓我們家裡時常充滿歡笑。牠調皮可愛的個性常常讓我們覺得牠更像一隻小狗。只要叫牠的名字，就會開心地衝過來撒嬌，完全展現出與 Pepsi 哥哥截然不同的個性。Pepsi 是高冷、傲嬌、冷靜、穩重，而 Sarsi 則是調皮、可愛、撒嬌、活潑。時常看著 Sarsi 追著 Pepsi 跑、搶 Pepsi 的食物、咬 Pepsi 的腳，讓我們覺得好氣又好笑。

但 Pepsi 對於妹妹的調皮行為卻是寵愛有加，即使妹妹時常調皮欺負牠，牠也絕不還手，只是靜靜地看著妹妹把牠的食物一口口吃光，或者陪

著牠入眠，甚至替牠舔毛等等。看著牠們經常窩在一起的模樣，我們心中充滿了幸福感，就像看著自己的孩子一樣。現在，哥哥 Pepsi 反而比較黏著我，抱著牠都會舒服到流口水。而妹妹 Sarsi 則是非常黏小野，跟著他到處走，甚至會直接跳到小野身上，踩來踩去，一直發出呼嚕嚕的聲音，或是這是一種異性相吸的概念吧！

尊重動物的飲食習慣

「你們家的貓咪吃素嗎？」這大概是我們最常被問的問題中的前三名，我們總是會微笑著回答：「雖然我們是素食者，但我們尊重牠們的飲食習慣。」對於牠們的飲食選擇給予最大的尊重和理解。這不僅僅是我們的生活態度，更是我們與 Pepsi 和

Sarsi 之間深厚情感的體現。曾經有一次，我們嘗試給 Pepsi 和 Sarsi 素食飼料，結果卻讓我們大吃一驚，牠們都在接下來的三天裡出現了拉肚子的症狀。這個經歷讓我們更加深刻地理解到，我們應該尊重和理解牠們作為肉食動物的飲食需求。

每個生物都有自己的飲食需求和偏好，這就像人類之間的差異一樣，我們應該尊重這種差異。貓咪作為肉食動物，牠們的身體需要來自肉類的營養，以維持健康和活力。雖然這意味著我們的飲食與牠們的飲食不同，但用樂觀的態度看待這種差異，並將其視為我們與 Pepsi 和 Sarsi 之間獨特的連結，更是一種飲食上的共識。

我們時常會給 Sarsi 吃牠最愛的地瓜，Pepsi 則是喜歡喝燕麥奶，而

蒸蛋也是牠們可以享用的，只是要記得不要加老薑、鹽巴、胡椒粉、香油等辛香料喔！香菇、豆腐、高麗菜只要蒸熟是可以少量吃的，偶爾可以跟著我們一起吃菜，樂趣總是蘊藏在這些生活的點滴中，看著 Sarsi 和 Pepsi 安靜地享用著我們為牠們準備的食物時，真的就像是我們的孩子一樣，能夠感受到無言的溫暖、家的溫馨。不再受制於匆忙的節奏，而是擁有了一份珍貴的寧靜，這種寧靜並非來自於外界的靜默，而是來自於內心的平靜，來自於與 Sarsi 和 Pepsi 共享的溫馨時刻。正是在這些日子裡，我們學會了用心感受生活中的每一個美好瞬間，無論是多麼微小，都值得我們用心珍藏。

儘管我們的飲食習慣與 Pepsi 和 Sarsi 不同，但這並不會影響我們之間的情感。每次我們回到家，牠們總會在門口用撒嬌和熱情迎接我們，像是在告訴我們，牠們有多高興我們回來了。除了飲食之外，我們也會花時間陪伴 Pepsi 和 Sarsi，開車帶著牠們兜風、散步、陪牠們玩耍。這些時刻都是珍貴的回憶，不只是我們陪伴牠們，牠們也陪伴了我們。

有一天，Pepsi 和 Sarsi 離開時，我們會感到難過和失落。願那時的我們都學會接受離別，因為我們知道，曾經與牠們共度的時光是無價的。牠們給予的愛和陪伴會永遠在我們的心中，成為我們生命中最溫暖、最感動的一部分。

蒸蛋

材料 ———·

板豆腐 1 塊
高麗菜 約 50g
鮮香菇 1 朵
金針菇 1/3 把
秀珍菇 約 50g
老薑 10g

調味料
薑黃粉 2 小匙
營養酵母 2 大匙
黑胡椒粉 1 小匙
白胡椒粉 2 小匙
黑鹽 適量
燕麥奶 3 大匙
鹽巴 1 小匙
香油 2 大匙

作法 ————

1. 高麗菜洗淨後剝成塊。鮮香菇切片，金針菇切小段，秀珍菇用手撕成小條，老薑切片。

2. 炒鍋倒入適量植物油，放入老薑、鮮香菇、金針菇、秀珍菇煸到微焦黃，再放入高麗菜炒軟。

3. 準備料理機或果汁機，先放入剛剛炒好的食材打到細碎。

4. 再放入板豆腐（連同一半的豆腐水）、薑黃粉、營養酵母、黑胡椒粉、白胡椒粉、黑鹽、燕麥奶、鹽巴、香油，繼續將全部食材打碎並攪拌均勻至微濃稠狀。

5. 倒入可以放進電鍋的深盤中並鋪平。

6. 電鍋外鍋放入 1 杯水，放入電鍋內蒸煮，跳起後再悶 10 分鐘後再取出，上面灑上一點黑鹽，就可以享用啦！

鹿比的小 tips

每款豆腐的水分含量不同，做出來的軟硬程度不太一樣是正常的唷！調理機打的時間至少要 3 分鐘，也可以再更久，比較容易成形。如果是貓咪要吃的，記得不要加老薑、鹽巴、胡椒粉、香油等辛香料，但薑黃粉是可以的！

Chapter 4

回家，一起前行

一扇門，回到家裡，

是港灣、是花園，可以休息、可以放鬆，

可以繼續做夢！

工作跟生活讓我們快窒息，
原來愛與蔬食是解方

在我們相戀初期，跟一般的情侶一樣，享受著熱戀，一起體驗各種美食和玩樂。那時候，小野是自由接案者，忙碌的日子裡意外接到一個有趣的案子，是一個素食主題的拍攝案，業主希望小野走訪台灣各地的素食餐廳拍攝美食，並將影片上傳到推廣素食的頻道上。

起初，小野並沒有太多想法，然而，隨著時間推移，他開始對這個頻道產生更多的興趣，想要把它做得更好。於是，小野向業主推薦了我，告訴對方我擅長料理，如果能夠加入料理示範，可能會更吸引人。業主聽了小野的建議，毫不猶豫地同意了，就這樣，在這因緣際會之下，我跟小野開始了這段創業之旅……

沒有夢幻情侶日常，只有挑戰

回想起來，這個決定確實有些冒險，當時我們的感情才剛開始，還沒有進入磨合期。或許是因為當時的愛情讓我們覺得一切都會美好無比，對於未來並沒有過多的思考，也沒有擔

心未來可能會遇到的困難，只是相信著彼此，相信著我們共同的夢想藍圖，但當時太過於沉迷於這美好的想像，也全然投入在彼此的愛意中，卻忽略了現實中的種種挑戰和困難。

「妳是笨蛋嗎？」

「妳為什麼沒有準備好？」

「妳根本在浪費我的時間啊！」

雖然我們在一起之前，小野就已經坦率地說他的脾氣不好，但從一同工作的過程中，我更深刻體會到了這點。小野是處女座，追求完美是他的天性，加上他之前在電視台擔任編導的經驗，讓他對工作的節奏和狀態有著極高的要求，因為任何一點拖延都可能導致成本提高，因此，每當他進入工作狀態時，就會完全切斷我們的感情，公私分得非常清楚。對我來說

確實是一個巨大的挑戰，我既缺乏職場經驗，也沒有影視背景，所以即使已經背好所有台詞，面對鏡頭時卻總是說不出話來，再加上我不擅長溝通表達，尤其當面對比我強勢的人，我往往會選擇保持沉默，甚至因為緊張而不停地流淚，而我總是冷處理和不溝通，也只會讓小野更生氣。

這樣的情況常常讓我們陷入工作和生活都不斷爭吵的困境，即便我努力理解他的立場，盡力配合他的工作節奏，還是無法達到他的要求。同時也因為缺乏明確的工作時間安排，讓工作與生活混在一起，導致我感覺與他在一起變成了壓力，好像永遠都沒有一刻可以放鬆，這種壓力越來越加劇了我的焦慮和不安。我越是緊張，就越難以做好工作，而面對鏡頭更是

讓我感到害怕。

漸漸的，我的心理疾病就這樣一個一個被誘發出來，如同一場無法控制的風暴，襲擊我的心靈，每一天都彷彿是一場無法逃脫的噩夢，彷彿是一盤充滿辣椒的辣子雞，每一口的辣，燒著舌頭與喉頭，喝再多了水都緩解不了，心理狀態彷彿被辣味所困，不斷地侵蝕、灼燒著我的內在，但卻沒有辦法緩解，內心的憂鬱和絕望達到了無法承受的極限。

「啊～～～～我好想死！」

「這世界沒有人愛我！」

「你不要跟我在一起，我只會拖累你！」

當時，來自各方的心理壓力，在某個時刻全部湧向了我的內心，猛烈地爆發出來，而現在看來，這一切都

源自於我從小處在時常被否定的環境中，我帶著這份因不斷被否定而產生的壓抑，從原生家庭到同儕關係，再到感情經營，如影隨形。

原生家庭的對待，成長的壓抑

在我成長的家庭中，被否定似乎成了家常便飯，無論我做什麼，都會被置於否定的陰影之下。他們認為，現在的否定，可以讓我在未來面對工作時更能承受壓力，但這樣的觀念不僅讓我無法在家庭裡獲得關愛，更漸漸養成了將所有情緒都壓抑在心底的習慣，即便在外面遭遇誤會或者被欺壓，我都選擇保持沉默，每一次的困難或者挫折，我都習慣閉上嘴巴。因為我知道，我說出來，只會得到否定的答案，不會有安慰或解決方法，這種被迫沉默的感覺，像是一隻無形的手，將我緊緊地束縛住，讓我無法自由表達自己的情感和想法。

在學生時期，我並沒有意識到，自己其實一直在內心深處積累著許多垃圾，但因為可以隨心所欲地釋放壓力，與朋友夜唱、獨自逛街、品嘗美食等等，所以外表上看來，是一個快樂、自信、活力充沛的人，然而現在我明白，其實我早就生病了，只是現在因為 24 小時都跟小野待在一起工作，沒有出口可以發洩，讓我承受不了而引爆了這顆未爆彈。

憂鬱症、焦慮症、社交恐懼症、解離性身分障礙（俗稱人格分裂症），這一系列心理健康問題同時出現在我身上，如同一場無情的風暴，我開始感受到前所未有的痛苦，無法

找到任何逃脫的出口，開始出現夢遊、自我傷害、無法走出門，甚至記憶斷片等情況，我常常陷入無法自拔的哭泣中，歇斯底里地崩潰，甚至昏倒在地，夢遊的時候會不停地撞牆、傷害自己，醒來時卻對傷口的來源毫無記憶。每一次，小野總是在我身旁守護著我，緊握我的手，給予我溫暖和支持。但是，我知道，照顧生病的人是一種極大的心理壓力，尤其是當那個生病的人是自己最心愛的人。

每一次發作，除了我自己的痛苦，我更清楚感受到小野所承受的壓力，他的無助和自責，時常讓我既愧疚又心疼，他甚至為了我改變了脾氣，就是希望能夠幫助我走出困境，卻遲遲無法找到適當的方法，這種無助的感覺讓我們更加絕望，覺得自己就像是一個無法得到救贖的囚犯，陷入了絕望的深淵。

談笑風生的我，隱藏深沉的痛苦

小野努力不懈地尋找各種方法來幫助我，無論是西醫、中醫、心理醫生、通靈者，他都試過，卻沒有一個能夠有效改善情況。於是，他想轉向我父母，希望他們能夠給予我更多的支持和幫助，但當時的我下意識地拒絕了，因為我心裡很清楚，這一切都是無用的。我曾經獨自前往心理醫生的診間，醫生告訴我，我的情況源於原生家庭的問題，包括人格分裂在學生時期就已經存在，但我那時一直以為我只是在與自己對話。

從小壓抑了太深沉的情緒，讓我對任何觸動到原生家庭傷痛的話語格

外敏感,尤其是與我最親近的小野。因此,每當小野否定我的時候,我就會無法控制自己的情緒,現在意識到,啊～原來這就是小時候我父母的情況,我發現自己也陷入了與父母相似的情緒和行為中,當爭吵發生時,我也會像媽媽一樣歇斯底里地哭泣、大吼大叫、踹門,甚至離家出走。

這些行為和情緒不僅是我父母爭吵的副產品,也是我從小就在他們身上學到的。他們的爭吵模式,無形中在我生命中留下了深刻的負面印記,成為我內心深處中不可磨滅的記憶,我一直承受著這些不該屬於我的情緒,不知不覺地重演著他們的過往。

「妳不要演戲了。」、「裝病裝一裝會真的生病。」、「你們要不要乾脆分手?」這些話語再次顛覆了我對父母的想像,讓我心生絕望和困惑。我與小野當下都傻住了,我們不敢相信我們已經到了如此痛苦的境地,卻依然不斷接收到否定的語言。

困境中攜手,茹素成了解方

這些話語像是一把利刃刺入我的心中,我曾期望著他們的理解和支持,但現實卻是我所不願面對的,彷彿自己被孤立在黑暗中,沒有任何溫暖和安慰的存在,又是一種無形的壓力,將我壓得喘不過氣來。我開始質疑自己的價值和存在意義,甚至懷疑這份痛苦是否永遠都無法結束,無論如何掙扎都無法脫身。

他們自以為會讓我變得更堅強的話語,其實都是一刀又一刀地割在我的心上。我感到無比的痛苦和困惑,

因為我曾期待著他們會給予我最大的支持和陪伴，難道這不是父母應該承擔的責任嗎？為什麼到最後卻是男朋友來承擔？我開始質疑自己的家庭關係和父母的角色，他們應該是我的避風港，是我生命中最堅強的後盾，現實卻是讓我深深地感到失望和孤獨，因為我需要的是理解和關懷，而不是冷漠和否定，我渴望著父母的鼓勵和支持，但卻總是被給予沉重的壓力和指責，這讓我無法承受。

這樣的狀況持續了整整三年的時間，小野也曾經在這段期間崩潰地抱著我哭泣。因為他不僅要應對我的情緒，還得扛著我們事業的重擔，面對來自旁人的種種壓力和不理解。然而，他從未有過宣洩的出口，反而用他那溫柔、包容的愛，用他的耐心和溫暖，一次又一次地引導著我，教導我如何面對情緒、如何溝通，給予我無限的信任和支持。

我看著他由一個脾氣暴躁的人，漸漸轉變成了一個溫柔、充滿耐心，甚至愛撒嬌的人。我深信，這樣的轉變並不是一般人能輕易做到的，需要極度堅定的信念和無私的愛來支撐，才能夠克服種種困難，走過這段艱難的過程。而對我來說，吃素不僅僅是一種飲食習慣，更是一種生活態度。它讓我的身心靈都更加有意識，使我明白了生病的根源所在。有了這個方向，我開始努力改變自己，並發現一切的問題都源於「情緒教養」。

愛自己的明媚，也愛自己的破碎

　　因此，我開始注重情緒管理和表達，努力培養自己的情緒智慧，學習如何面對與表達情感，以及如何處理壓力。我花了很多時間閱讀和觀看有關教育、心理學和親子關係的書籍和影片，也想要找到我們家的教育究竟出了什麼問題。因為如果沒有徹底的認知，我沒有勇氣孕育下一代，更害怕我把原生家庭的文化與方式帶給我的孩子。

　　但慶幸的是，觀看了一位臨床心理學專家，游乾桂老師於《天下》雜誌及大愛電視台「人文講堂」的訪談，裡面給了我很多答案，讓我能夠放下許多事情，也更清晰地認識到了一些問題，我記得曾經看到游老師分享過：「父母親應該要讓家成為一個安樂窩，我家是港灣，回來是可以靠泊的，我家是花園，回來是可以休憩的。」讓我意識到父母應該如何打造溫馨和諧的家庭環境，讓孩子可以在其中找到安全感和依靠。

　　他也指出，大人經常會阻礙孩子的情緒表達，導致孩子無法真正地表達自己的情感，從而使內心的壓力不斷累積，就如同壓力鍋一樣，如果沒有鳴笛的氣閥洩氣，一定會爆炸。我們必須給予孩子情緒表達的空間，並且要用耐心和理解去聆聽他們的內心，只有這樣，我們才能幫助他們建立良好的情緒管理能力。

　　游老師提到，人的壓力有兩個出口：內射和外射。當我們無法解決壓力時，就會將情緒往內吞，這被稱為內射，內射到極致時就會導致自殺。

另一個出口是外射，就是將壓力轉移到別人身上，也就是攻擊。

我從中學習到，我們應該給予孩子足夠的機會來安頓情緒，不要讓他們在長大後才發現自己無法處理情緒，正向看待情緒，及時疏導壓力，讓孩子學會如何有效地應對生活中的挑戰，同時，我們也要明白壓力無所不在，不要幻想著壓力可以不存在，而是要學會正視和面對它。

從痛苦與不幸中，看見愛與幸運

慢慢的，我開始認識到自己情緒的來源，並努力改變我的情緒表達，也明白這是我人生的必經之路。這段歷程並不是關於指責或歸咎，而是關於自我探索和成長，每一次情緒的起伏都是一堂課，讓我更深刻的認識自己，也更加感激生命中的每一刻。我意識到心理學和教育的深刻關聯，以及做父母需要承擔的責任遠比想像中的要大，但我們依然要對每一個生命負起責任，並做好充分的準備。「教育如果沒有教愛，很多東西將會失去意義。」在教育中，我們應該教導孩

子愛、慈悲和真實，這是至關重要的一環。游老師也說道：「我爸媽不是什麼教育家，也不懂教育，但他們教會了我什麼是愛，愛是可以讓人生走得很遠的一個美好元素。」

「我覺得我要離開了，因為我現在有滿滿的愛。」我的另一個人格用著孩子般的聲音對小野說道，小野緊緊擁抱著她，淚水止不住地流淌。「妳沒有離開，妳一樣是妳，都是我很愛的妳。」小野的溫暖與愛已經足夠彌補了我的內心創傷，最終，他用愛治癒了我的病痛，讓我不再感到孤獨和脆弱，他就是那個我一直渴望的人，一個真正理解我、聆聽我、支持我的人。其實我只需要愛跟支持而已，愛是治癒心靈的最好藥物，我們應該給予愛和支持，不僅僅是對他人，也包括對自己。

愛是讓自己晉級的最佳元素

只有透過愛和理解，我們才能真正走出內心的困境，實現心靈的自由和解脫。儘管我經歷過長時間壓抑，到一次性爆發，並在三年的時間裡得到救贖，對許多人而言可能需要一輩子，而我卻在相對快速的時間內完成了這段成長之旅，或許這真的與我的素食生活有密切關聯，素食讓我更意識到生活中的一切，包括家庭、情感、靈性和自我成長。所以我也堅信著：「現在發生的一切，都是我們自己選擇的，表示我們有能力克服所有關卡，晉級到下一關的遊戲。」也正是因為這些種種考驗，讓我跟小野更團結、更了解彼此。

每個人的成長旅程都受到原生家庭的影響，這是不可避免的，就像我的父母一樣，他們也受到了自己原生家庭的影響，這影響著他們對我的教養方式和情感表達方式。

　　其實重要的不是這些影響本身，而是我們的回應和改變。面對自己原生家庭的問題並不容易，但我相信，每個人都有改變和成長的能力，透過意識到這些問題，接受自己的過去，我們可以向前邁進，走向更充實和豐盛的人生，這需要勇氣和毅力，但這是值得的，因為這將影響到我們人生的品質和幸福。

生活裡的苦辣酸甜

辣子雞

材料

杏鮑菇 5 朵
青椒 半顆
乾辣椒 1 小把
花椒粒 10g
老薑 10g
花生粒 1 大匙
芹菜 1 小把

醃料
醬油 3 大匙
米酒 2 大匙（可省略）
糖 1 大匙
白胡椒粉 1 小匙
太白粉 1 大匙

醬汁
醬油 2 大匙
韓式辣椒醬 1 大匙
白醋 1 大匙
糖 1 大匙
太白粉 1 小匙
水 5 大匙

作法

1. 杏鮑菇切小塊，加入醃料：醬油、米酒、糖、白胡椒粉、太白粉，攪拌均勻靜置 10 分鐘。
2. 醬油、韓式辣椒醬、白醋、糖、太白粉、水，醬汁材料全部均勻攪拌備用。
3. 芹菜切段、薑切片、青椒切菱形塊備用。
4. 準備炒鍋倒入一點植物油，冷油放入將花椒粒煸香後取出。
5. 放入醃製好的杏鮑菇煎至金黃酥脆後取出備用。
6. 利用餘油爆香青椒、薑片，再加入乾辣椒、花椒粒，炒至乾辣椒油亮油亮。
7. 倒入醬汁、杏鮑菇大火拌炒，收汁後撒上花生粒就可以起鍋享用啦！

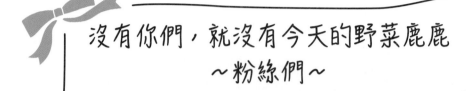

沒有你們，就沒有今天的野菜鹿鹿
～粉絲們～

親愛的野菜鹿鹿粉絲們：

在我們走過的這段旅程中，是心將我們之間的連結拉得更緊密。

願接下來的每一步，我們用料理陪伴大家，而你們用愛守護我們。讓我們的每一步都有你們的陪伴，每個成就都能凝聚你們的熱情。

「沒有你們，就沒有今天的野菜鹿鹿。」這不僅僅是一句空洞的話語，而是我們內心深處最真摯的感慨。18 萬的訂閱者數字，不是冷冰冰的數據，是一份真摯的情感，一份讓我們感恩在心頭的支持。

從野菜鹿鹿頻道創立至今，我們歷經風雨，一步一步成長，走過了許多曲折的道路，但每一次挑戰、每一次困境，都因為你們的陪伴而變得容易了許多。這條路上，我們不僅遇到在各方面給予幫助與支持的貴人，更重要的是，有你們這些來自各個地方的粉絲，用你們的

喜愛與鼓勵，讓我們勇往直前，不斷前行。或許，我們在螢幕另一端，彼此之間隔著遙遠的距離，但是，這份情感卻讓我們彼此變得靠近，每次看到大家的留言，還有湧出來的回饋，心中都充滿了感動與溫暖。不僅僅存在於言語之間，更是一種無形的力量。

你們的愛，我們都收到了

有一位粉絲曾經寫道：「我將近 40 年來沒有踏進過廚房，但因為看到你們的影片，我首次進廚房，並且完成這道菜了，非常好吃，我願意持續跟著你們做出好吃的料理。」想像著這位粉絲第一次走進廚房的場景，真的讓我們很感動，因為這不僅代表著我們的影響力，更意味著我們也可以讓大家勇於挑戰新事物。

而另一位粉絲的留言也讓我們動容不已：「謝謝你們，我爸爸生前非常愛看你們的頻道，只要看你們的頻道臉上都會掛著笑容，而我也都會照著你們的食譜煮給他吃，那是他唯一願意吃的，如今，他已經成為天使，我相信他是開心離開的，所以特別留言跟你們道謝，真的很謝謝你們。」這段話彷彿是一把鑰匙，打開了內心深處的門，讓我們感受到了生命的意義和價值。想著這位粉絲正在為他父親準備料理的場景，我不禁流下眼淚，同時也充滿了感激和驕傲。

除了感謝，還是感謝

　　成就一個頻道不僅僅是依賴創作者的努力，更需要粉絲的支持和陪伴。正是因為有你們，我們的頻道才能走得更遠、做得更好。或許，有時候我們沒辦法兼顧全面或是達到大家的期待，甚至會遇到排山倒海的挫折，會因為工作的繁忙而感到疲憊，也會遇到困難與挑戰，但是當我們想起有你們這樣一群全心支持著我們的粉絲，我們的內心就會充滿了力量與勇氣，讓我們在困難面前更堅強與勇敢，同時堅定前行的步伐，堅信自己的使命。

　　再次感謝你們，謝謝你們對我們的信任和愛護，我們會繼續努力，用心做好每一個節目、每一部影片，不辜負你們的期待與支持。我們會不斷地精進自我，不斷地追求卓越，無論未來的路有多曲折，有多艱難，我們都會攜手共度，因為有你們，我們永遠不會孤單。

你們的聲音，我們都聽到了！

　　「我不是素食者，偶然滑到這個，感覺不太難就跟著做～意外的超好吃！！！感謝你們的分享～比有肉版的還好吃，因為以前吃雞絲會偏柴，菇的口感更好，下次想嘗試你們別的食譜～」

　　「成果真的超好吃的，平常吃葷的家人也覺得豆包真的是超厲害

的主意，說沒想到全素料理可以這麼好吃！！」

「這陣子照著食譜做，味道真的跟鹹水雞一模一樣耶！超驚豔～愛死了！而且減醣高纖，可以順便減重～感謝野菜鹿鹿的分享～～」

「好喜歡鹿比說的這句：『我們吃的不是肉本身，而是食物的美味啊，比起葷素，好吃才是重點！』」

「你們真是手巧心慧、充滿創意，讓我這個素食饕客驚喜連連，素食界有你們這麼年輕有活力的生力軍真好！」

「感謝你們用心熱情分享，讓我覺得蔬食不僅吃得有意義，還越吃越有趣了。」

「每次都很期待野菜鹿鹿的新料理～可以自己邊看影片邊練習，希望有一天自己的廚藝也可以像你們一樣厲害！」

「太強了，素食因為有您們變得更有特色和魅力了。」

這些留言讓我們深刻感受到我們所做的一切是有意義的、是值得的。彷彿我們不僅在分享如何烹飪，更在分享如何感受生活，如何珍惜每一個瞬間。因此，我想與你們分享一些我們平常最喜歡做的私房料理，是頻道上沒有出現過的，希望你們都可以走進廚房嘗試看看，並發現料理的療癒和幸福之所在。

愛你們的，鹿比、小野 敬上

百搭配菜

印度香料茄子

材料 ⎯⎯⎯⎯⎯

茄子 2 ～ 3 條
番茄 1 顆
西洋芹 2 支
罐裝鷹嘴豆 3 大匙
老薑 10g
辣椒 1 條
香菜 1 小把

調味料
瑪莎拉香料粉
（印度咖哩粉）3 大匙
植物奶 300ml
鹽巴 2 小匙

作法 ⎯⎯⎯⎯⎯

1. 將茄子洗淨後對半切並抹上鹽巴、橄欖油，放入烤箱用上下火 200 度烤 15 分鐘。

2. 烤好的茄子去皮剁成泥，番茄、西洋芹切成小丁，老薑、香菜、辣椒切成末。

3. 準備炒鍋倒入一點植物油，放入老薑、辣椒、西洋芹煸香，再放入鷹嘴豆煸至焦黃。

4. 接著放入番茄、茄子泥炒軟，加入瑪莎拉香料粉（印度咖哩粉）小火拌炒均勻。

5. 倒入植物奶攪拌均勻，蓋鍋小火燉煮 15 分鐘。

6. 開蓋後，加入香菜、鹽巴攪拌均勻，就可以起鍋享用啦！

鹿比的小 tips

這道料理不管是搭配米飯、麵包、餅皮都很適合唷！不過全程記得都要小火慢煮，透過低溫把香料、油脂、蔬菜融合在一起，鍋子的溫度過高容易把香料炒苦喔！

韓式白菜煎餅

材料 ————·

大白菜 10 片

麵糊
低筋麵粉 300g
營養酵母 3 大匙
水 450ml

調味料
鹽巴 2 小匙
胡椒粉 1 小匙

作法 ————————————

1. 先將大白菜一片一片切下來，洗乾淨擦乾水分，用刀子在每一片葉梗的地方劃刀，好讓整片平整。
2. 準備一深盤，倒入低筋麵粉、營養酵母、鹽巴、胡椒粉、水，攪拌均勻。
3. 將每片大白菜均勻裹上麵糊。
4. 準備炒鍋倒入一點植物油，放入煎至兩面金黃，就可以搭配 p. 235 的醬料一起享用囉！

鹿比的小 tips

煎的時候白菜盡量不要重疊，否則外皮容易脫落。

\\ 美味營養兼具 //

營養時蔬炊飯

材料

鴻喜菇 1 包
老薑 10g
番茄 1 顆
紅蘿蔔 1/3 條
毛豆 40g
玉米筍 3 根
糙米 1 杯

調味料
醬油 2 大匙
胡椒粉 1 小匙
鹽巴 適量
（依個人口味調整）

作法

1. 先將糙米泡水約 1 小時備用。
2. 鴻喜菇將蒂頭切掉並剝散，番茄、紅蘿蔔、玉米筍都切成小丁。
3. 準備一個炒鍋倒入一點植物油，放入老薑、鴻喜菇煸至金黃。再放入番茄、紅蘿蔔、玉米筍、毛豆炒軟。
4. 從鍋邊倒入醬油跟胡椒粉，大火翻炒均勻。
5. 糙米泡好水後瀝乾水分，一同放入鍋中拌炒均勻。
6. 拌炒後放入電鍋內鍋，再倒入 1.1～1.2 杯水，外鍋倒入 1 杯水，電鍋跳起後再悶 10 分鐘。
7. 開蓋後再依個人口味加入鹽巴，翻拌均勻就可以享用啦！

鹿比的小 tips

米飯可以用五穀飯，記得水量需多 0.1～0.2 杯，也盡量不要放葉菜類一起蒸煮，顏色跟口感都會不佳，營養也會流失，如果一定要加，可以另外炒好之後，拌進炊飯當中即可。

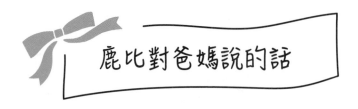

鹿比對爸媽說的話

爸比媽咪：

　　我寫下這封信，心中充滿著溫柔與感激，也有著一絲絲沉重和無奈。這不僅是一封信，更像是一場我們長久以來未展開的對話，而這次，我選擇透過這本書，先踏出第一步勇敢面對內心真實感受。這封信的出發點沒有責怪或埋怨，而是想坦誠分享我內心的感受。一直以來，我都知道你們對我的愛與期望，努力工作提供我優渥的物質生活和良好的教育，而我至今仍深深感激你們的付出和努力。遺憾的是，我們都不曾坐下來面對面真正說出彼此的內心話，這是我們的關係中所缺少的。你們所認識的我，其實都不是我，我是一個內向、自卑、容易焦慮、高敏感的孩子，而不是你們所看見的快樂、開朗、活潑。因為知道你們工作忙碌，我停止與你們交流，盡可能不讓我的情緒影響你們，習慣一個人在房間裡尋找那無形的陪伴，所以總是努力掩蓋

著恐懼和壓力，但這種孤獨和虛無感讓我的心靈堆積了不少垃圾，而這種缺乏陪伴跟否定回應的生活讓我內心變得越來越脆弱、缺乏自信，漸漸的，覺得自己不值得被愛。

直到我遇見了小野，因為他的愛跟堅強，讓我得到安全感，卸下了偽裝，讓病情一次性爆發出來。或許是因為長久以來壓抑的壓力和情緒終於爆發了，又或許是因為我終於找到一個可以依靠的人，我才敢讓自己放鬆下來，不再逃避和偽裝。是這段感情拯救了我，讓我學會了接受自己的脆弱和不完美，也學會向他人敞開心扉，分享我的真實感受，學會如何審視內在，如何有意識地察覺情緒，這份愛真的讓我治癒了很多心靈的創傷。

同時，我也理解了你們的教育方式，以及你們從以前就不曾敞開心扉與我對談，這也是一代一代原生家庭所傳承下來的，我也明白這是一種家庭文化，而現在的我，已經

察覺到這個問題，也意識到這樣的教育方式會造成溝通上的困難。

我知道，這並不是你們對我的愛和關懷所致，而是習以為常的應對模式，一種少了感受性對話的缺憾與不被滿足的期待。我一直想著，或許這也是你們在自我成長過程中曾遇到過的問題，只是因為環境的改變，每個人都有自己的學習課題，就像家家有本難念的經那樣，都有著自己要面對的處境和挑戰，我明白了，也漸漸學會放下過往的糾結。

雖然我們現在彼此的思維模式已經不在同一個軌道上，但我希望接下來的日子裡，我們可以一起用愛、支持、鼓勵的方式來創造一個新的相處模式，我需要的不僅僅是物質上的支持，更需要你們全然的愛與理解，因為，在這個世界上，沒有什麼比得上你們的支持和陪伴來的更重要。最後，我想對你們說，謝謝你們一直以來的照顧，謝謝你們讓我可以用自身的經歷來分享跟幫助更多人。

我愛你們，永遠都愛著你們。

愛你們的女兒

女兒的愛

番茄紅燒
牛肉湯

材料 ————————·

番茄 2 顆
鮮香菇 20 朵
白蘿蔔 半條
紅蘿蔔 半條
豆腐 1 塊
秀珍菇 50g

中藥材
小茴香 2 大匙
老薑 20g
花椒 10g
肉桂 約 10g
八角 2 個
月桂葉 5 片
草果 2 顆
白豆蔻 約 20 顆
芹菜 1 把
香菜 1 把

調味料
植物油 300ml
辣豆瓣醬 5 大匙
胡椒粉 2 大匙
五香粉 1 大匙
醬油 8 大匙
糖 3 大匙
米酒 200m（可省略）
水 2000ml
鹽巴 2 小匙

作法 ————————————·

1. 番茄、紅蘿蔔、白蘿蔔、豆腐切塊。老薑切片。鮮香菇把梗切下來並用刀子壓扁備用，取 5 朵鮮香菇切成四等分的塊狀。

2. 煉中藥油，取一個湯鍋倒入植物油，冷油並小火放入老薑、花椒、小茴香、肉桂、八角、月桂葉、草果、白豆蔻煉約 5 分鐘。放入香菜、芹菜小火煸至焦黃。

3. 將中藥材跟香菜、芹菜都瀝出，並放入滷包袋中備用。

4. 煉好的油再倒回鍋中，放入豆腐、香菇梗，煸至金黃。接著放入秀珍菇、鮮香菇煸到金黃。

5. 再放入紅蘿蔔、白蘿蔔、番茄炒至番茄軟化。

6. 加入辣豆瓣醬、醬油、胡椒粉、五香粉、糖炒至醬香。

7. 倒入米酒、水、中藥滷包，蓋鍋中小火熬煮 40 分鐘。

8. 依個人口味放入鹽巴，就可以起鍋享用啦！

鹿比的小 tips

熬煮好之後冷卻放入冰箱，隔天再煮滾一次，會更入味更濃郁好喝唷！

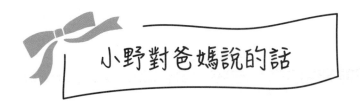

致父母：

　　回憶起小時候某一次元宵節，您們帶著我和哥哥一起去國父紀念館看花燈，但因為人潮實在太多，不到 5 歲的我，只有被淹沒在茫茫人海的份，眼前的風景只剩大叔大嬸的屁股，偶爾可以從夾縫中看到一點點光芒，但很快又被另一個屁股遮擋，直到老爸一把將我舉過頭頂跨坐在肩膀上，我才真的可以開始看那些五彩斑斕的花燈。這就像成長的過程，如果沒有老媽牽引著道路，沒有老爸把我們支撐起來，我想一定會錯過很多風景。

　　小時候大部分的時間是老媽陪在我們三兄妹身邊，印象最深刻，就是有一次跟老哥打架，您把我們一起關在廁所反省，當時心裡有很多的怒氣卻不知該如何表達，但也時常在我們聊天的過程中，從老媽身上耳濡目染了許多道理，而這些深遠的價值觀，影響了我人生很多

的選擇與決定。

其中我一直記得的是：「跟別人發生爭執的時候，我們要先反省自己有沒有做錯的地方。」這句話深深植入我的腦海，雖然沒有到三省吾身的地步，但至今對我有著很大的影響力。可是，這句話也讓我吵輸了很多次本來應該要吵贏的架，有時候遇到一些不講理的人，當我還在反省自己的時候，就開始被連環炮似地指責，最後回家再次反省完，發現自己沒錯時，又會氣得牙癢癢。所以，我時常想著，若當有一天，我有了自己的孩子，在教養觀念上，我會跟他說：「跟別人發生爭執的時候，我們要先合理保護自己的權益，但事後也要反省自己有沒有做錯的地方。」我們要先學會照顧自己的感受，不讓自己受委屈，才能從中學習與真正的覺察、改變。

而我跟老爸，在家相處的時間相對就少很多，為了支撐起家裡的開銷，您總是早早出門上班，又因為是體力型的工作，到家後也總是早早休息。再加上您年輕的時候脾氣不好，腦海中老爸的臉總是嚴肅又帶著不開心，所以小時候也不太敢，甚至不太想跟您說話。

其實內心都知道您的辛勞與付出，傳統嚴父的形象可能深根在您們那一輩人的骨子裡，您不擅長用言語表達對我們的關心，但只要天氣轉涼，回到家總是能夠喝到您煮的麻油雞（只是現在不吃肉，可以

麻煩幫我改成無肉版本嗎……）天太熱，冰箱裡也都會有一鍋好喝的綠豆湯。

　　在成長的過程中，不免還是有許多不滿跟內心不平衡的地方，有時候會想，為什麼我會這麼喜歡攝影，除了一開始覺得拿相機很帥之外，有沒有什麼更深層的原因？看過一個心理學短片說：「愛幫別人拍照的人，往往不會出現在鏡頭中，喜歡給予別人什麼，往往代表著內心缺乏著什麼。」記得小時候我很在意過，為什麼屬於我的相簿，一半都是哥哥跟妹妹的身影，為什麼他們的東西都是新的，而我卻常常要用我哥剩下來的？（雖然說現在的我覺得很棒，從小就穿二手衣，打娘胎出生就為環境盡了一份心力啊！）但小時候的自己，心裡總是有很多很多的不公平，覺得這份偏心，讓自己感覺不受重視。

　　然而，事情總是有兩面，現在回憶起來，也是因為內心覺得在家缺少關愛，所以培養出了獨立的性格，在遇到事情的時候，也更有獨當一面的能力。聽過一個說法：「我們遇到的所有人生經歷，全部都

是我們出生前自己安排的，目的就是要讓我們透過這些經歷學習、成長並突破。」出社會開始工作後，我重新意識到，我的家庭是很棒的，無論在教養上或是人格影響，都讓我在社會中有很強大的內在力量，家裡雖然不富裕，但也從來沒有讓我們三個孩子挨餓過（是說能讓我多餓一點，是不是就能多瘦一點？）無論是老爸或老媽，也都是非常努力成為我們三個孩子的依靠。

愛與不愛、好與不好，這些區別都是因為比較後的不滿足，放下這些比較，用心去感受本質的流動，才會知道自己擁有很多，同時也會知道這一路下來您們的不容易。很開心老爸為了不吃肉的我，逢年過節拜拜時除了兩盤海鮮外，全都準備我可以吃的素菜。也很高興可愛的老媽總是記得我愛吃市場的豆乳雞，在我剛轉無肉飲食時，還特別在我回家時準備，雖然我沒有吃，但也能感受到您對我滿滿的愛與關心，現在的我真心覺得能夠當您們的孩子真好，謝謝您們一直以來對我的照顧，讓我平安長大，並可以對社會有更多的付出。

愛你們的，

二兒子

兒子的愛

豆乳雞

材料 ————·

杏鮑菇 5 朵
老薑 20g

醃料
豆腐乳 1 塊
醬油 2 大匙
醬油膏 1 大匙
五香粉 1 小匙
白胡椒粉 1 小匙
糖 1 大匙
紅麴醬 1 大匙
胡椒鹽 適量

粉料
地瓜粉 適量

作法 ————————·

1. 將杏鮑菇切滾刀塊。老薑磨成泥。

2. 準備大碗，放入豆腐乳、醬油、醬油膏、五香粉、白胡椒粉、糖、紅麴醬，用湯匙拌勻。

3. 再來放入杏鮑菇、老薑，用手稍微按摩讓醃料更快被杏鮑菇吸收，靜置 20 分鐘。

4. 再準備一盤地瓜粉，以及準備一鍋油溫約 160 度的油鍋。

5. 將杏鮑菇每一面沾上地瓜粉，沾好之後等待 5 分鐘，使地瓜粉反潮。

6. 再放入油鍋中油炸，炸至定型金黃色後，全部撈出，再把油溫調高至 180 度。

7. 重新放入鍋中搶酥，外皮呈現紅褐色，就可以撈起放上餐巾紙上吸油，依個人口味再撒上一點胡椒鹽就可以享用啦！

鹿比的小 tips

可直接用紅麴口味的豆腐乳，就不用再加紅麴醬了！油溫一定要足夠，才不會吸太多油或全部黏在一起喔！「反潮」是指讓醃料滲出地瓜粉，使地瓜粉轉為淡淡的醬色、帶點溼潤度，炸的時候比較不容易掉粉、脫皮。

寫給小野的一封信

　　小野，算一算我們也認識 13 年了，回想起來，這六年的感情我們經歷了太多，好像每一個轉角都有你的身影，每一個挑戰都有你的陪伴，即使在我們沒有聯繫的那段時間，你也從未消失在我的記憶中，我相信命運是真實存在的，就像在《天空之城》中的話一樣：「很多事情都是命中注定的，就好像你會遇到什麼樣的人，經歷什麼樣的傷痛，最終如何離開這個世界。」我們的相遇，我們的愛情，都是命運的安排，是上天對我們的恩賜。

　　我們相愛的歲月，就像一曲悠長的交響樂，樂章中充滿了歡笑、淚水、激情和溫暖。無數次的風雨考驗著我們的愛情，但我從未感到孤單，因為有你的陪伴，有你的堅強和勇氣，讓我們始終牢牢地攜手前行，因為你從未退縮，從未放棄，面對著一切困難，守護著我們的愛情，守護著我們的未來。你一直是我心中最大的支柱，在我生病時，給我愛和力量，在我面對困難和挑戰的時候，總是第一個站出來，和

我並肩作戰。

　　我知道，生活中的每一步都不容易，但我們已經從兩個不同的個體，找到了相處舒服的中間值，可以一起克服一切問題，無論是精神上的困擾還是生活中的挑戰，我們都能夠勇敢地面對，堅定地前行。

　　當你向我求婚的那一刻，彷彿時間停滯了，整個宇宙都為我們的相遇鼓掌喝采，在那一瞬間，我知道，我們這段緣分是注定的，是一場奇妙的命運安排，讓我們彼此牽動，共同走向下一個階段。

　　在這個世界上，能夠找到一個與自己擁有相同興趣和價值觀的另一半，是多麼不容易的一件事情，這是我一生的幸運。謝謝你，真的很謝謝你沒有放棄我，還為了我做出了改變。你的包容和體諒，讓我感受到了真正的愛，你的無私奉獻，是我生命中最珍貴的禮物。

　　我願意永遠陪伴在你的身邊，與你共同品味生活的酸甜苦辣，共同見證我們愛情的昇華與成長，一起走過每一個春夏秋冬，共同創造屬於我們的幸福。

愛你的鹿比

命中注定的我們

油漬番茄腰果
義大利麵

材料 ────·

義大利麵 2 人份
苜蓿芽（小豆苗）適量

油漬番茄
小番茄 約 50 顆
橄欖油 300ml
鹽巴 1 小匙
黑胡椒 1 小匙
義式香料 2 小匙

腰果醬
腰果 200g
燕麥奶 100g
檸檬汁 半顆量
鹽巴 1 小匙

作法 ────────────────·

1. 小番茄洗乾淨去蒂頭，對半切並放入大碗中，加入橄欖油、鹽巴、黑胡椒、義式香料，輕輕翻拌均勻。

2. 烤盤放上烤盤紙，將小番茄切面朝上擺放好，切勿重疊，放入烤箱上下火 140 度 40 分鐘，將番茄烤到乾扁即可。

3. 烤好的番茄放入用滾水汆燙殺菌過的玻璃密封罐，再倒入橄欖油（需淹過油漬番茄）靜置一天，油漬番茄就完成了。

4. 準備一台調理機（果汁機、破壁機），放入生腰果、鹽巴、檸檬汁打至濃稠狀，再加入燕麥奶打均勻即可。

5. 準備一鍋滾水，放入適量鹽巴、植物油，放入義大利麵煮至 8 分熟後取出。

6. 準備炒鍋，加入腰果醬、5 大匙的煮麵水，再放入義大利麵翻炒（如果太濃稠可再加入一點煮麵水）。

7. 接著加入 3 大匙油漬番茄（連同油）一起拌入義大利麵。最後盛盤放上苜蓿芽（小豆苗）即可！

鹿比的小 tips

沒用完的腰果醬可放入玻璃密封罐中保存，油漬番茄多做起來不管是配麵包、燉飯也都很好吃唷！烤番茄的時候，記得每 15 分鐘的時候要稍微看一下番茄的狀態，因為每一台的烤箱的溫度都會不太一樣。

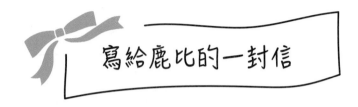

寫給鹿比的一封信

親愛的鹿比：

妳是我生命中最大的祝福，是人生道路中最珍貴的夥伴。我從沒想過那年在夏令營裡，拿著相機幫我拍照的女孩兒，在多年後會如同一陣春風般，吹拂進我的心中。

時光飛逝，我們已然相愛六載。這段路走來艱辛萬分，但也讓我們的愛情歷經淬鍊，變得更加堅韌、更加深刻。記得在最崩潰的那段日子，我們經常發生爭吵，我無法理解為什麼妳沒辦法用言語表達當下的感受，我一心只想著趕快解決問題，卻忽略妳所承受的壓力。一般上班族在下班後可以跟朋友喝酒放鬆，痛罵上司，一起把負能量宣洩，而我們幾乎 24 小時捆綁在一起，妳完全無處釋放內心情緒。

因為自己是施加壓力的人，所以當時的我無法理解，更無法感同身受妳的情況，時常會忍不住大聲對妳咆哮。然而這種行為只會更加

深妳原有的傷痕，讓妳無法克制地哭泣、摳手、顫抖，甚至做出傷害自己的行為。每當這種情況發生，我只能緊緊將妳擁入懷中，抓住妳的手讓妳不再傷害自己，然後慢慢等待，看著妳哭累了又睡著，心裡有無限歉意與難過。

當時緊抱著妳，我內心是很掙扎的，為了緩和當時妳的身心狀況，扛下了大部分家務，還有工作上所有的對接跟經濟開銷，時常也會覺得疲憊跟苦悶。但我也不想跟別人訴苦，擔心訴苦後可能會發生什麼事情，對妳造成更不好的影響，所以只能持續用尼古丁麻痺自己。我知道，妳並非故意想破壞我們的關係，而是妳過往的創傷在作祟。最終我做了一個最正確的決定，就是選擇用愛去包容、理解，還有練習用耐心去聆聽妳內在小孩的呼喊。

妳曾說很感謝我沒有放棄這段關係，但其實真正能讓我堅持下去的是看見妳積極面對過往的傷痛的模樣。妳透過閱讀、冥想，也開始練習溝通，這一切的努力也都鼓勵著我想跟妳一起成為更好的人。

　　如今看來，每一次的挑戰都讓我們變得更加堅定，每一次的磨練都讓我們更加互相珍視。我們曾在彼此的眼中看到對方內心的黑暗，但也更加深刻地理解彼此的過去和困境，就如同妳說的那樣，我們似乎注定就是為了互相救贖而相遇的。

　　我很感激在這段感情路上，我學會了如何調節自己的情緒和傾聽不同思維的觀點，也學會用更溫和的方式與妳交流。而妳也學會了坦誠地向我訴說內心的所思所想，不再將一切埋藏在心底，我們互相傾吐心事並共同成長，讓這份愛情有了更多的信任與依賴。

　　在這個世界上，能找到一個與自己心有靈犀的人已是難能可貴，而我們不僅擁有相同的興趣愛好，更有著相似的人生價值觀，這些累積下來的情感，讓我使終保持著對這份愛的熱情與守護的堅定。未來的路究竟會走向何處，我們誰也無法預料，但只要這個人是妳，我們都要相互扶持、相互成就，無論前方是風雨還是陽光，我都願與妳並肩同行。

愛你的，小野

\\ 愛是一切 //

宮保高麗菜

材料 ———·

高麗菜 1/3 顆
乾辣椒 3 條
花椒 10g
老薑 20g

調味料
香油 3 大匙
辣豆瓣醬 1 小匙
白胡椒粉 1 小匙
鹽巴 1 小匙
水或米酒 50ml
白醋 1 大匙

作法 ———————

1. 先把高麗菜洗淨，切成小片。乾辣椒切成小段。老薑切片。

2. 準備一個炒鍋倒入一點植物油，放入乾辣椒、花椒、老薑小火煸到香氣出來。

3. 再放入辣豆瓣醬、白胡椒粉炒香。

4. 倒入高麗菜，撒入鹽巴、水或米酒大火快炒至高麗菜熟。

5. 起鍋前從鍋邊倒入白醋嗆鍋，拌炒均勻就可以盛盤享用啦！

野菜鹿鹿的冰箱

一篇篇人與料理的故事，填滿你的心，

但也很重要的是，

冰箱裡要放滿涼拌菜與各種醬料，

這才是生活！

\\ 韓式經典 //
韓式
涼拌菠菜

材料

菠菜 500g｜白芝麻 適量｜老薑 10g｜香油 2 大匙｜鹽巴 1/2 小匙｜醬油 2 大匙

作法

1. 老薑磨成泥，菠菜洗淨後切成段備用。
2. 滾水中加入 1 大匙鹽巴跟 1 大匙油，放入菠菜大火汆燙 50 秒後取出，放入冰塊水中冰鎮，並把水分擠乾。
3. 準備一個保鮮盒，放入老薑、菠菜，倒入醬油、香油、鹽巴拌勻，撒上白芝麻，就可以享用啦！

\\ 幸福日常 /

涼拌麻醬龍鬚菜

材料

龍鬚菜 1 把｜白芝麻 適量｜芝麻醬 3 大匙｜醬油 2 大匙｜白醋 1 大匙｜味醂 1 大匙｜香油 2 大匙

作法

1. 將龍鬚菜洗淨切段。
2. 滾水中加入 1 大匙鹽巴跟 1 大匙油，放入龍鬚菜汆燙約 2 分鐘後取出，放入冰塊水冰鎮，把水分瀝乾。
3. 準備一個碗，加入芝麻醬、醬油、白醋、味醂拌勻，倒入冰鎮好的龍鬚菜拌勻，撒上白芝麻，就可以享用啦！

\\ 下飯必備 //
**糯米椒
炒豆乾**

材料

糯米椒 20 條｜豆乾 8 片｜豆豉 10g｜老薑 10g｜大辣椒 1 條｜醬油 3 大匙｜醬油膏 2 大匙｜胡椒粉 1 大匙｜糖 1 大匙｜水 100g

作法

1. 豆乾切成約 0.5 公分的片狀，糯米椒、大辣椒去蒂頭切斜片，老薑、豆豉切末。
2. 準備炒鍋倒入一點植物油，先將豆乾煸到金黃後取出。
3. 原鍋放入老薑、豆豉、大辣椒爆香，再放入豆乾、糯米椒炒香。
4. 放醬油、醬油膏、胡椒粉、糖，快速翻炒均勻。
5. 倒水，大火炒至收汁就可以起鍋享用啦！

\\ 不敗小菜 //
黃金泡菜

材料

高麗菜 半顆｜紅蘿蔔 1 條｜蘋果 1 顆｜老薑 15g｜辣椒 1 條｜檸檬汁 半顆量｜白芝麻 適量｜鹽巴 1/2 小匙｜豆腐乳 2 塊｜糖 1 大匙｜香油 1 大匙｜蘋果醋 2 大匙

作法

1. 洗淨的高麗菜剝成小片，擦乾水分，加入 2 大匙鹽，將高麗菜跟鹽巴均勻攪拌，等待至出水，醃製約 40 分鐘。
2. 紅蘿蔔、老薑切片，蘋果切塊。
3. 準備炒鍋倒入一點植物油，放入紅蘿蔔，炒至微焦黃。
4. 把炒好的紅蘿蔔、老薑、蘋果、辣椒、鹽巴、豆腐乳、糖、香油、蘋果醋、檸檬汁、白芝麻放入調理機，打成泥。
5. 將醃好的高麗菜，擠乾水分，把打好的醬料倒入拌勻。
6. 放入保鮮盒，在室溫下發酵 30 分鐘，再放入冰箱 1 天，就可以享用啦！

\\ 季節限定 //
油潑
涼拌蓮藕

材料

蓮藕 500g｜嫩薑 20g
大辣椒 1 條｜糖 3 大
匙｜白醋 2 大匙｜鹽巴
1 小匙｜植物油 6 大匙

作法

1. 嫩薑、大辣椒切絲。
2. 準備一盆水，加入 1 大匙白醋備用。
3. 蓮藕洗淨後去皮先放入醋水中以防氧化變黑，拿出來切成薄片，再放入醋水中。
4. 準備一鍋滾水，放入蓮藕滾水煮約 2～3 分鐘撈出放入大碗中，上面放上嫩薑、辣椒。
5. 準備一個小鍋，倒入植物油加熱至 180 度，將油潑在嫩薑、辣椒上，再加入鹽巴、糖、白醋攪拌均勻後，裝入保鮮盒冷藏約 2 小時，就可以享用啦！

\夏日最愛/
**涼拌雞絲
青木瓜**

材料

青木瓜 1 顆｜大辣椒 1
條｜香菜 2 小把｜小番
茄 10 顆｜花生 40g
杏鮑菇 2 朵｜鹽巴 2 小
匙｜味醂 2 大匙｜橄欖
油 2 大匙｜檸檬汁 1 顆
量（可自行斟酌酸度）

作法

1. 青木瓜去皮、去籽刨絲，香菜切末，小番茄對半切，花生搗碎。

2. 杏鮑菇用手剝成絲，加入 1 小匙鹽巴、1 大匙味醂，抓拌均勻之後放入電鍋，外鍋加半杯水蒸煮。

3. 準備大碗，放入青木瓜絲、香菜、辣椒、小番茄、花生、蒸好的杏鮑菇，加入鹽巴、味醂、橄欖油、檸檬汁，拌勻。

4. 放入保鮮盒中，冷藏 1 天，就可以享用啦！

XO 干貝醬

材料

乾香菇 6~7 朵｜金針菇 2 包｜山茶茸 1 包｜杏鮑菇 2 朵｜舞菇 1 包｜豆乾 4 塊｜豆豉 2 大匙｜蘿蔔乾 4 大匙｜大辣椒 2 條｜月桂葉 3~4 片｜老薑 20g｜植物油 400g｜醬油 2 大匙｜鹽巴 1 小匙｜辣椒粉 3 大匙｜十三香或五香粉 1 大匙｜白胡椒粉 2 小匙｜香油 1 大匙｜糖 1 大匙

作法

1. 乾香菇、金針菇、山茶茸、豆乾、豆豉、蘿蔔乾、舞菇、杏鮑菇、大辣椒、老薑都切成末。

2. 準備炒鍋倒入植物油，放入老薑、大辣椒、月桂葉小火煸香。

3. 放入豆乾、乾香菇、蘿蔔乾、豆豉煸到金黃，並且把月桂葉取出。

4. 再來放入金針菇、杏鮑菇、舞菇小火煸到呈現深褐色酥脆狀。

5. 加入醬油、鹽巴、辣椒粉、十三香、白胡椒粉、香油、糖，攪拌均勻再稍微熬煮 2 分鐘，就可以放入玻璃罐中，隨時拿出來享用啦！炒飯、拌麵、炒青菜都很適合！

萬用醬

芝麻涼麵醬

材料 ————————·

白芝麻醬 3 大匙｜花生醬 1 大匙｜
日式醬油 2 大匙｜香油 1 大匙｜味
醂 1 大匙｜蘋果醋 2 大匙｜檸檬 半
顆｜鹽巴 少許（依個人口味整）｜
飲用水 3 大匙

作法 ————————·

1. 準備一個碗，加入白芝麻醬、
   花生醬、日式醬油、香油，
   拌勻。
2. 再加入味醂、蘋果醋、檸檬
   汁、鹽巴、飲用水，攪拌至
   濃稠狀，就可以淋在冰鎮過
   的麵上享用啦！

拌麵醬

材料 ————————·

老薑 15g｜豆乾 5～6 塊｜凍豆腐 6 塊｜茄子
半條｜杏鮑菇 3 朵｜冰糖 1 大匙｜辣豆瓣醬 2
大匙｜甜麵醬 1 大匙｜醬油 1 大匙｜白醋 1 大
匙｜胡椒粉 1 小匙

作法 ————————·

1. 老薑切成末，豆乾、茄子跟杏鮑菇切小丁，
   凍豆腐退冰後剝成小塊。
2. 準備炒鍋倒入一點植物油，放入老薑、豆
   乾、凍豆腐煸至焦脆，接著放入杏鮑菇、茄
   子一起拌炒。炒香後，放入冰糖炒勻，接著
   加入辣豆瓣醬、甜麵醬、醬油、白醋跟胡椒
   粉，拌炒至有醬香。
3. 再倒入水半蓋過食材，並蓋鍋熬煮 5 分鐘。
4. 開蓋後拌炒至收汁即可。

萬用醬

萬用沾醬

材料

老薑 10g｜辣椒 1 條｜
香菜 1 小把｜白蘿蔔
30g｜醬油 3 大匙｜
味醂 1 大匙｜豆腐乳 1
塊｜香油 1 大匙

作法

老薑、辣椒、香菜都切
末，白蘿蔔去皮磨成
泥，全部放入碗中，再
倒入醬油、味醂、豆腐
乳、香油拌勻，就可以
享用啦！

韓式辣椒醬

材料

味噌 1 大匙｜韓式細辣
椒粉 3 大匙｜味醂 2 大
匙｜蘋果醋 1 大匙｜香
油 1 大匙

作法

準備一個碗，放入味
噌、韓式細辣椒粉、味
醂、蘋果醋、香油，攪
拌均勻就完成啦！韓式
拌飯、部隊鍋、辣炒年
糕和韓式嫩豆腐鍋都可
以使用喔！

和風沙拉醬

材料

日式醬油 3 大匙｜蘋
果醋 2 大匙｜味醂 1 大
匙｜白芝麻 適量｜七
味粉 適量

作法

準備一個碗，放入日式
醬油、蘋果醋、味醂、
白芝麻、七味粉，攪拌
均勻就可以享用啦！不
管是沙拉、煎餅和煎餃
都可以搭配使用唷！

US 009

野菜鹿鹿的慢活餐桌

30道好滋味✕好朋友的療癒故事

作 者	野菜鹿鹿
責任編輯	徐詩淵
企畫編輯	廖雅雯
協力編輯	郭美吟
內頁插畫	貝塔的一口插畫
美術編輯	李韻芳
攝 影	陳志淵
總 經 理	伍文翠
出版發行	知田出版／福智文化股份有限公司
	地址／105407臺北市松山區八德路三段212號9樓
	電話／(02)2577-0637
	客服信箱／serve@bwpublish.com
	心閱網／https://www.bwpublish.com
法律顧問	王子文律師
印 刷	富喬文化事業有限公司
總 經 銷	時報文化出版企業股份有限公司
	地址／333019桃園市龜山區萬壽路二段351號
	電話／(02)2306-6600 #2111
出版日期	2024年6月　初版一刷
定 價	新臺幣540元

國家圖書館出版品預行編目(CIP)資料

野菜鹿鹿的慢活餐桌：30道好滋味X好
朋友的療癒故事 / 野菜鹿鹿作. -- 初版.
-- 臺北市：知田出版，福智文化股份有
限公司, 2024.06
　面；　公分
ISBN 978-626-98251-7-2(平裝)

1.CST: 蔬菜食譜 2.CST: 素食 3.CST: 通
俗作品

427.3　　　　　　　113006483

ISBN 978-626-98251-7-2